爱上面食

Chinese Wheaten Food

中式面点大全

甘智荣 主编

江西科学技术出版社

图书在版编目（CIP）数据

中式面点大全 / 甘智荣主编. -- 南昌 ：江西科学
技术出版社，2017.10
ISBN 978-7-5390-5659-3

Ⅰ.①中… Ⅱ.①甘… Ⅲ.①面食－制作－中国
Ⅳ.①TS972.116

中国版本图书馆CIP数据核字（2017）第217867号

选题序号：ZK2017203
图书代码：D17053-101
责任编辑：张旭　肖子倩

中式面点大全
ZHONGSHI MIANDIAN DAQUAN

甘智荣　　主编

摄影摄像	深圳市金版文化发展股份有限公司	
选题策划	深圳市金版文化发展股份有限公司	
封面设计	深圳市金版文化发展股份有限公司	
出　版	江西科学技术出版社	
社　址	南昌市蓼洲街2号附1号	
	邮编：330009　电话：（0791）86623491　　86639342（传真）	
发　行	全国新华书店	
印　刷	深圳市雅佳图印刷有限公司	
尺　寸	173mm×243mm　　1/16	
字　数	200 千字	
印　张	22	
版　次	2017年10月第1版　2019年3月第4次印刷	
书　号	ISBN 978-7-5390-5659-3	
定　价	39.80元	

赣版权登字：-03-2017-303

Contents 目录

PART 1
面点制作基本技法

002　制作面点的常用小工具
004　中式面点的分类和制作特点
005　面团知多少
006　面点成型法
008　发面的 7 大技巧
010　制作包子的小技巧
011　制作面条的小窍门
012　美味饺子窍门多
014　制作饼类的重要因素
015　制作酥类的诀窍
017　和面的方法
018　馄饨皮的做法
019　饺子皮的做法
020　酥皮的做法
021　手擀面的做法

PART 2
筋道健康的面条

024　麻辣拌面
025　芝麻酱拌面
026　西蓝花拌乌龙面
027　香菇拌面
028　青豆拌面
029　菌菇温面
030　豆角焖面
032　西红柿鸡蛋打卤面
033　传统炸酱面
034　酸菜肉末打卤面
036　泡菜肉末拌面
038　手擀面
039　燃面
040　担担面

042　刀削面

043　爽口黄瓜炸酱面

044　河南卤面

046　牛腩刀削面

047　热干面

048　虾仁菠菜面

050　翡翠凉面

052　鸡丝凉面

054　黑芝麻牛奶面

056　葱白姜汤面

058　葱油面

060　面片汤

062　西红柿鸡蛋面

064　肉末碎面条

066　云吞面

067　摆汤面

068　水煮肉烩面

069　龙须面

070　岐山臊子面

072　旗花面

073　咸安合菜面

074　排骨黄金面

076　喜面

077　清炖牛腩面

078　葱爆羊肉面

079　清汤羊肉面

080　高丽菜鸡肉挂面

082　鸡肉豆芽面

083　鸡汤面

084　砂锅鸭肉面

086　熏马肉面

088　银鱼豆腐面

089　沙茶墨鱼面

090　鱼丸挂面

092　海鲜面片

094 西蓝花炒面

095 辣白菜炒面

096 洋葱炒面

097 三鲜炒面

098 蚝油菇蔬炒面

100 懒人咖喱炒面

102 炒乌冬面

104 南炒面

105 胡萝卜芹菜肉丝炒面

106 菠菜肉丝炒面条

107 徽式炒面

108 瘦肉炒面

109 香肠炒面

110 牛肉炒面

111 山西家常炒面

112 西洋菜虾仁炒面

114 蒜蓉鲜虾炒面

PART 3

喧香味好的包类

118 南瓜馒头

120 开花馒头

122 双色馒头

124 豆浆猪猪包

125 牛奶馒头

126 香煎馒头片

128 玉米包

130 玫瑰包

132 寿桃包

134 刺猬包

136 花生白糖包

138 豆沙包

140 石头门坎素包

142 白菜香菇素包子

144 香菇青菜包子

145 腌菜豆干包子

146　地软包子

147　宝鸡豆腐包子

148　韭菜馅包子

150　韭菜鸡蛋豆腐粉条包子

152　水晶包

154　双色包

156　鲜虾小笼包

158　豆腐包子

160　豆角包子

162　猪肉白菜馅大包子

164　家常菜肉包子

166　三鲜包子

168　灌汤包

170　鲜肉包子

172　狗不理包子

174　咖喱鸡肉包子

176　极品鸡汁生煎包

177　玉米洋葱煎包

178　水煎包子

180　花卷

182　玫瑰花卷

184　紫薯花卷

186　花生卷

188　葱油花卷

190　双色卷

192　葱花肉卷

194　火腿香芋卷

196　腊肠卷

198　黑豆玉米窝头

PART 4

皮薄馅嫩的饺类

202 紫苏墨鱼饺

204 素三鲜饺子

205 肉末香菇水饺

206 白菜猪肉馅饺子

208 韭菜鲜肉水饺

210 翡翠白菜饺

212 青菜水饺

214 四季豆虾仁饺子

216 丝瓜虾仁饺子

218 鲜汤小饺子

219 羊肉韭黄水饺

220 羊肉饺子

221 韭菜鸡蛋饺子

222 三鲜馅饺子

223 芹菜猪肉水饺

224 酸汤水饺

225 钟水饺

226 鲜虾韭黄饺

228 清蒸鱼皮饺

230 西葫芦蒸饺

232 金银元宝蒸饺

234 玉米面萝卜蒸饺

236 虾饺

237 虾饺皇

238 青瓜蒸饺

239 家乡蒸饺

240 豆角素饺

241 鲜虾菠菜饺

242 鸳鸯饺

243 兔形白菜饺

244 金字塔饺

245 芹菜猪肉水饺

246 白菜香菇饺子

247 白菜饺

248 八珍果饺

249　生煎白菜饺

250　萝卜丝煎饺

251　韭菜猪肉煎饺

252　香菇煎饺

253　羊肉煎饺

254　家乡咸水角

255　家常煎饺

256　韭菜盒子

257　脆皮豆沙饺

258　豆沙酥饺

259　羊肉馄饨

260　上海菜肉大馄饨

261　沙县云吞

262　勉县大馄饨

263　湖州大馄饨

264　鸡汤馄饨

265　紫菜馄饨

266　三鲜馄饨

267　虾仁馄饨

268　香菇炸云吞

269　香菇蛋煎云吞

270　南瓜锅贴

271　上海锅贴

272　锅贴

273　高丽菜猪肉锅贴

PART 5

风味浓郁的糕饼

276　桑葚芝麻糕

278　红豆玉米发糕

280　马拉糕

282　山药脆饼

284　奶香玉米饼

286　黄金大饼

288　牛舌饼

290　桃酥

292　荷花酥

294　苏式红豆月饼

296　苏式椒盐月饼

298　芝麻冬瓜酥饼

300　月白豆沙饼

302　水晶饼

303　龙凤喜饼

304　乳山喜饼

306　如意酥

308　枣花酥

310　鸳鸯酥

312　酥饼

314　海苔酥饼

316　太阳饼

318　抹茶相思酥

320　麻酱烧饼

322　老婆饼

324　烤小烧饼

326　东北大油饼

328　美味葱油饼

330　鸡蛋卷饼

332　煎饼果子

334　牛肉馅饼

336　牛肉饼

338　老北京肉饼

340　茴香羊肉馅饼

341　羊肉薄饼

342　羊肉馅饼

面点制作基本技法

人们常说"民以食为天"，随着生活水平的提高，面点以餐后甜点、美味早点的形式出现在越来越多人的日常生活中，成为人们餐饮中必不可少的食品。但是，很多人认为制作面点太麻烦，那么学做面点是不是真的很费事呢？下面将揭开面点的神秘面纱，为你细数面点制作须知的二三事儿。

制作面点的常用小工具

制作中式面点怎么能少得了工具呢？工具可谓是制作中式面点的关键，通过几样小小的工具，我们就能灵活地运用材料，做出变化多样的点心。作为初学者，可能对于制作中式面点所需要的工具都不太了解，对其基本功能也知之甚少。为此，我们特地介绍一下制作中点的常用工具。

✖ 刮板

刮板是用胶质材料做成的，一般用来搅拌面糊等液态材料，因为它本身比较柔软，所以也可以把粘在器具上的材料刮干净。还有一种耐高温的橡皮刮刀，可以用来搅拌热的液态材料。用橡皮刮刀搅拌加入面粉的材料时，注意不要用力过度，也不要用划圈的方式搅拌面糊，而是要用切拌的方法，以免面粉出筋。

✖ 电子秤

电子秤是用来对糕点材料进行称重的设备，通过传感器的电力转换，经称重仪表处理来完成对物体的计量。在制作糕点的过程中，电子秤相当重要，只有称出合适分量的各种材料，才能做出一道完美的糕点。所以在选择电子秤的时候，要选择灵敏度高的。

✖ 擀面杖

擀面用的木棍儿，是中国很古老的一种用来压制面条的工具，一直传用至今，多为木制，用其捻压面饼，直至压薄，是制作面条、饺子皮、面饼等不可缺少的工具。在购买时最好选择木质结实、表面光滑的擀面杖，尺寸依据平时用量选择。

✕ 电磁炉

　　电磁炉是利用电磁感应加热原理制成的电气烹饪器具，在加热过程中没有明火，因此安全、卫生。电磁炉本身很好清理，没有烟熏火燎的现象。同时，电磁炉不会像煤气那样易产生泄露，也不产生明火，不会成为事故的诱因。此外，它本身设有多重安全防护措施，包括炉体倾斜断电，超时断电，过流、过压、欠压保护，使用不当自动停机等功能，即使有时汤汁外溢，也不存在煤气灶熄火跑气的危险，使用起来省心。在蒸煮糕点的时候，只要我们设定好时间，就可以放心地蒸煮了，完全不用担心出现蒸煮时间不足或过长的状况出现，相当省时、好用。

✕ 蒸笼

　　制作中式点心及蒸菜不免要用到蒸笼。蒸笼的大小随家庭的需要而定，有竹编的、木制的、铝制的及不锈钢制的等，又可分为圆、方两种形态，还可分大、中、小多种型号，其中以竹编的和铝制的最常见。传统的竹编蒸笼，水蒸气能适当地蒸发，不易积水气、不易滴水，但清洗时较不方便，且需晒干后才能收藏。蒸笼的使用，是将底锅或垫锅先盛半锅水，烧开，再将装有点心的蒸笼放入，以大火蒸之，中途如需加水应加热水，才不致影响菜肴的品质，可重叠多层同时使用。

中式面点的分类和制作特点

中式面点分为酥皮类、浆皮类、混糖皮类、饼干类、酥类、蛋糕类、油炸类等多种类型，而且特点多样。不同的面点选料不同，制作方式也各异，要想做出合适美味的面点，可先提前了解这些小常识。

【酥皮类】

　　用筋性面团包油酥，多层折叠成皮。大多包馅后成型、焙烤制成，如苏式月饼、老婆饼等。

【浆皮类】

　　用糖浆和面，经包馅、成型、焙烤制成，如提浆月饼、双麻月饼。

【混糖皮类】

　　用糖粉和面，经包馅、成型、焙烤制成，如广式月饼。

【饼干类】

　　为手工制作糕点式饼干。油、糖、面、水混合，擀成型、焙烤制成，如高桥薄脆、麻香饼。

【酥类】

　　用高油、糖和面，切块成型、焙烤制成，如杏仁酥、糖酥。

【蛋糕类】

　　用蛋量大，加入糖、面，搅打成糊，浇模成型，焙烤或蒸制，如喇嘛糕、方糕。

【油炸类】

　　成型后以油炸熟制，如麻花、萨琪玛等。

【其他类】

　　凡配料、加工、熟制方法不同于前7种的中式面点均属于此，如绿豆糕、元宵、各种糕团等。

　　①选料精细，花样繁多

　　将中点原料选择好了，才能制出高质量的面点。同时中式面点花样繁多。

　　②讲究馅心，注重口味

　　馅心的好坏对制品的色、香、味、形、质有很大的影响。馅心种类丰富多样，精选用料，精心制作。

面团知多少

水调面团，就是由水和面粉调和的面团，根据水温不同，可以分为冷水面团、温水面团和热水面团。下面就让我们来简单了解一下吧！

1 温水面团

指用50~60℃的水与面粉直接拌和、揉搓而成的面团。或者是指用一部分沸水先将面粉调成雪花面，再淋上冷水拌和、揉搓而成的面团。

特点：面粉在温水（50~60℃）的作用下，部分淀粉发生了膨胀糊化，蛋白质接近变性，还能形成部分面筋网络。温水面团色较白，筋度较强，柔软，有一定韧性，可塑性强，成品较柔糯，成熟过程中不易走样。常用作花样蒸饺、春卷、葱油饼等。

2 热水面团

指用70℃以上的水与面粉拌合、揉搓而成的面团。

特点：面粉在热水的作用下，面筋质被破坏，淀粉膨胀糊化产生黏性，大量吸水并与水融合形成面团。热水面团色暗、无光泽，可塑性好，成品细腻，易于消化吸收。常用作蒸饺、烧卖、韭菜合子等。

调制热水面团时要一边浇水，一边搅拌；加水在和面时要一次加足；揉面揉匀揉光即可，多揉则生筋，失去了热水面团的特性。

3 冷水面团

指用30℃以下的水与面粉直接拌和、揉搓而成的面团。

特点：冷水面团，淀粉不能膨胀糊化，蛋白质吸水形成紧密的面筋网络，因此面团结构紧密，韧性强，延伸性好、拉力大，做出的成品色白、爽口，筋道不易破碎。常用作水饺、面条、馄饨等。

调制冷水面团时加水量要恰当，在保证成品软硬合适的前提下，根据制品要求、温度和湿度、面粉的含水量等灵活掌握并加以调整。水温要适当，必须用低于30℃的水调制，才能保证面团的特点，冬季可用微温水，夏季可加点盐增强面筋的强度和弹性；水要分次加入，一是便于调制，二是随时了解面粉吸水性能等，一般第一次加70%~80%，第二次加20%~30%，第三次只是少量地洒点水，把面团揉光滑。

调制冷水面团时还需注意揉搓的力度，面筋网络的形成依赖揉搓的力量，揉搓力度适当可促使面筋较多地吸收水分，从而产生较好的延伸性和可塑性。

最后需要静置饧面，使面团中未吸足水分的粉粒有一个充分吸收的时间，面团就不会再有白粉粒，从而变得柔软滋润、光滑、具有弹性。一般饧置10~15分钟，也有30分钟左右的。饧面时必须加盖湿布，以免风吹后面团表皮干燥，出现结皮现象。

面点成型法

成型就是将调制好的面团制成各种不同形状的面点半成品，成型后再经制熟才能称为面点制品。成型是面点制作中技艺性较强的一道工序，成型的好坏将直接影响到面点制品的外观形态。面点制品的花色很多，成型的方法也多种多样，大体可分为擀、按、卷、包、切、摊、捏、镶嵌、叠、模具成型等诸多手法。

擀

面点制品在成型前大多要经过"擀"这一基本技术工序，擀也可作为制作饼类制品的直接手法。中式面点中的饼类在成型时并不复杂，它们只需要用擀面杖擀制成规定的要求即可。在制饼时，首先将面剂按扁，再用擀面杖擀成大片，刷油、撒盐，然后再重叠成卷成筒形，封住剂口，最后擀成所需要的形状。

按

按就是将制品生坯用手按扁压圆的一种成型方法。按又分为两种：一种是用手掌根部按；另一种是用手指按（将食指、中指和无名指三指并拢）。这种成型方法多用于较小的包馅饼种，如馅饼、烧饼等，包好馅后，用手一按即成。按的方法比较简单，比擀的效率高，但要求制品外形平整而圆、大小合适、馅心分布均匀、不破皮、不露馅、手法轻巧等。

卷

卷可分为两种：一种是从两头向中间卷然后切剂，我们称之为"双卷"，适用于制作鸳鸯卷、蝴蝶卷等；另一种是从一头一直向另一头卷起成圆筒状，称为"单卷"，适用于制作蛋卷、普通花卷等。在卷之前都是事先将面团擀成大薄片，然后刷油（起分层作用）、撒盐、铺馅，最后再按制品的不同要求卷起。一般要根据品种的要求，将剂条搓细，然后再用刀切成面剂即可使用。

捏

捏是以包为基础并配以其他动作来完成的一种综合性成型方法。捏出来的点心具有较高的艺术性，筵席中常见的木鱼饺、月牙饺及部分油酥制品、苏州船点等均是用捏的手法来成型的。捏可分为挤捏、准捏、叠捏、扭捏等多种多样的捏法。捏法主要讲究的是造型，捏什么品种，关键是在于捏得像不像，尤其是苏州船点中的动物、花卉等，不仅色彩要配以得当，更重要的是形态要逼真。

包

包就是将馅心包入坯皮内，使制品成型的一种手法。包的方法很多，一般可分为无缝包、卷边包、捏边包和提褶包等。

摊

摊是用较稀的水调面在烧热的铁锅上平摊成型的一种方法。摊的要点是：将稀软的水调面用力打搅上劲。摊时的火候要适中，锅要洁净，每摊完一张要刷一次油，摊的速度要快，要摊匀、摊圆，保证大小一致，不出现破洞。

叠

叠是将坯皮重叠成一定的形状（弧形、扇形等），然后再用其他手法制成制品的一种间接成型法。酒席上常见的荷叶夹、桃夹、猪蹄卷、兰花酥、莲花酥等都是采用叠法成型的。叠的时候，为了增加风味往往要撒少许葱花、细盐或火腿末等；为了分层往往要刷上少许食用油。

切

切的方法多用于北方的面条（刀切面）和南方的糕点。北方的面条是先擀成大薄片，再叠起，然后切成条形；南方的糕点往往是先制熟，待出炉稍冷却后再切制成型。切可分为手工切和机械切两种。手工切可适于小批量生产，如小刀面、伊府面、过桥面等；机械切适于大批量生产，特点是劳动强度小、速度快，但是制品的韧性和咬劲远不如手工切。

模具成型

模具成型是利用各种食品模具压印制作成型的方法。模具又叫模子、邱子，有各种不同的形状，如鸡、桃叶、梅花、佛手形状的，还有花卉、鸟类、蝶类、鱼类等。用模具制作面点的特点是形态逼真、栩栩如生，且使用方便、规格一致。在使用模具时，不论是先入模后成熟还是先成熟后压模成型，都必须事先将模子抹上熟油，以防粘连。

镶嵌

镶嵌是把辅助原料嵌入生坯或半成品上的一种方法，如米糕、枣饼、松子茶糕、果子面包、八宝饭等，都是采用此法成型的。用这种方法成型的品种，不再是原来的单调形态和色彩，而是更为鲜艳、美观，尤其是有些品种镶嵌上红、绿丝等，不仅色泽较雅丽，而且也能调和品种本色的单一化。镶嵌物可随意摆放，但更多的是拼摆成有图案的几何造型。

发面的 7 大技巧

中式面点制作的一大重点就是发面。发面也是很讲究技巧性的工序，下面就为您介绍发面的7大技巧。

① 选对发酵剂

发面用的发酵剂一般都用干酵母粉。它的工作原理是：在合适的条件下，发酵剂在面团中产生二氧化碳气体，再通过受热膨胀使得面团变得松软可口。活性干酵母（酵母粉）是一种天然的酵母菌提取物，不仅营养成分丰富，更可贵的是含有丰富的维生素和矿物质，且对面粉中的维生素有保护作用。不仅如此，酵母菌在繁殖过程中还能增加面团中的B族维生素。所以，用它发酵制作出的面食成品要比未经发酵的面食（如饼、面条等）营养价值高出好几倍。酵母的发酵力是酵母质量的重要指标。在面团发酵时，酵母发酵力的高低对面团发酵的质量有很大影响。如果使用发酵力低的酵母发酵，将会引起面团发酵迟缓，容易造成面团涨润度不足，影响面团发酵的质量。所以要求一般酵母的发酵力在650克以上，活性干酵母的发酵力在600克以上。

和面的水温要掌握好 ②

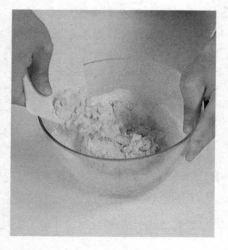

温度是影响酵母发酵的重要因素。酵母在面团发酵过程中一般控制在25～30℃。温度过低会影响发酵速度；温度过高，虽然可以缩短发酵时间，但会给杂菌生长创造有利条件，而影响产品质量。例如，醋酸菌最适温度为35℃，乳酸菌最适温度是37℃，这两种菌生长繁殖快了会提高面包酸度，降低成品质量。所以，面团发酵时温度最好控制在25～28℃，高于30℃或工艺条件掌握不好，都容易出质量事故。但很多朋友家里没食品用温度计怎么办？用手来感觉吧，别让你的手感觉出烫来就行。特别提示：用手背来测水温。就算是在夏天，也建议用温水。

③ 发酵粉的用量宜多不宜少

在面团发酵过程中，发酵力相等的酵母，用在同品种、同条件下进行面团发酵时，如果增加酵母的用量，可以促进面团发酵速度；反之，如果降低酵母的用量，面团发酵速度就会显著地减慢。对于面食新手来说，发酵粉宜多不宜少，能保证发面的成功率。

④ 面团要揉光滑

面粉与酵母、水拌匀后，要充分揉面，尽量让面粉与水充分结合。面团揉好的直观形象就是：面团表面光滑湿润。水量太少揉不动，水量太多会沾手。

⑤ 保证适宜的温湿度

发酵的最佳环境温度应在30～35℃，湿度在70%～75%。温度太低或过高都会影响发酵速度；湿度低，不但影响发酵，而且影响成品质量。面团发酵应为面粉本身的含水量（14%）加上搅拌时加的水（60%）。面团在发酵后温度会升高4～6℃。若面团温度低些，可适当增加酵母用量，以提高发酵速度。

⑥ 面粉和水的比例要适当

面粉、水量的比例对发面很重要。那么什么比例合适呢？大致的比例是：500克面粉，用水量不能低于250毫升。当然，无论是做馒头还是蒸包子，你完全可以根据自己的需要和饮食习惯来调节面团的软硬程度。酵母在繁殖过程中，一定范围内，面团中含水量越高，酵母芽孢增长越快，反之则越慢。所以，面团调得软一些，有助于酵母芽孢增长，加快发酵速度。正常情况下，较软的面团容易被二氧化碳气体所膨胀，因而发酵速度快，较硬的面团则对气体膨胀力的抵抗能力强，从而使面团发酵速度受到抑制，所以适当地提高面团加水量对面团发酵是有利的。同时也要注意，不同的面粉吸湿性是不同的，还是要灵活运用。

⑦ 别忘了二次发酵

糖的使用量为5%～7%时产气能力大，超过这个范围，发酵能力会受影响，但产气的持续时间长，就要注意添加氮源和无机盐。盐添加量过多，酵母的产气能力就会受到限制，但盐可增强面筋筋力，使面团的稳定性增大。适当添加少许盐能缩短发酵时间，还能让成品更松软。添加少许牛奶可以提高成品品质，乳制品的缓冲作用能使面团的pH值下降缓慢，但在多糖且含有乳酸菌的面团中，乳酸菌生成迅速，使产气能力下降。添加少许鸡蛋液，不仅能增加营养，而且蛋的pH值较高，蛋白具有缓冲作用和乳化作用，可增强面团的稳定性。添加少许醪糟，能协助发酵并增添成品香气。添加少许蜂蜜，可以加速发酵进程。

制作包子的小技巧

小笼包、叉烧包、豆沙包等包子的品种可谓各式各样，但无论是哪种包子，制作的方法都是差不多的，只要和好面，包入调制好的馅料，掌握蒸煮的火候，就能做出美味的包子。以下是制作包子的一些小窍门。

NO.1 面里加点油

　　尤其是包肉包子的时候，最好在和面的时候加一点油，可以避免蒸制的过程中包子出现油水浸出，面皮部分发死，甚至整个面皮皱皱巴巴的情况。最好是加猪油，但是为了健康，也可改用植物油。

NO.2 厚薄讲分寸

　　包子的皮跟饺子皮不一样，不需要擀得特别薄，否则薄薄的一小层，面饧发得再好，也不会有松软的口感。

NO.3 用劲要均匀

　　包包子的时候，用劲要均匀，尽量让包子周边的面皮都厚薄一致，不要因为面的弹性好就使劲拉着捏褶，这样会让包子皮此厚彼薄，油会把薄的那边浸透而影响包子卖相。更不要把包子顶部捏出一个大面疙瘩来，这就太影响口感了。

NO.4 二次饧发不能落

　　一定要有二次饧发的过程，且一定要饧好了再上屉，饧发好的包子，掂在手里会有轻盈的感觉，而不是沉甸甸的一团。如果没有时间等它二次饧发好，那一定要开小火，留出一个让面皮慢慢升温、二次饧发的时间，等上汽了，再改成旺火。

NO.5 快速发酵有窍门

　　酵母和面，不需要加碱或者小苏打，如果时间比较紧张，或者天气比较寒冷，不妨多加一些酵母，可以起到快速发酵的效果，且不会发酸。

NO.6 上屉用冷水

　　冷水上屉旺火蒸，这样在开火后，面还有一个随着温度上升而继续饧发的过程，会让包子受热均匀，容易蒸熟，还能弥补面团发酵的不足。

制作面条的小窍门

面条由于制作简单、营养丰富，因此成为人们喜爱的主食之一。但有时候大多数人煮出来的面条并不好吃，究竟要注意哪些方法呢？下面就介绍几种煮面条的小窍门，相信一定可以让你煮出美味可口的面条。

 ## 1 巧煮面条

　　煮水面时，若在水里面加一点油，面条就不会粘在一起，还能防止面汤起泡沫溢到锅外。如果面条结成团，喷一点米酒，面条就会散开。

　　煮挂面时，不要等水沸后才下面。当锅底有小气泡往上冒时就下面，搅动几下，盖锅煮沸，加适量冷水，再盖锅煮沸就熟了。这样煮面，面柔而汤清。

　　煮湿面和自己擀的面条时则需水大开时下面，然后用筷子向上挑几下，以防面条粘连。用旺火煮开，每开锅一次点一次水，点两次水就可以出锅。温度不高，面条表面不易形成黏膜，面条就会溶化在水里。

　　煮切面时可在下面条时适量加点醋进去，这样可除面条的碱味，还可使面条变得更白。

　　在面条锅中加少量食盐，煮出来的面条不糊烂，面条又弹又有味。

　　在下锅前先把面条掰碎，煮熟后盖着锅盖焖 5 分钟，这样的面条比较滑，而且汤汁比较稠。

　　下面的时候水是滚烫的，稍煮后把面捞起来，立刻放进冷开水中浸泡，再制作凉面或热干面等，面条劲道、爽口，更易成型。

 ## 2 面条走碱的补救

　　市场上买来的生面条如果遇上天气潮湿或闷热，极易走碱。走碱的面条煮熟后会有一股酸馊味，很难吃。我们如果发现面条已经走碱，烹煮的时候在锅中放入少许食用碱，那么煮熟后的面条就和未走碱时一样了。

美味饺子窍门多

饺子作为一种既包含主粮，又包含肉类和蔬菜的食物，营养比较全面。同时一种饺子馅中可以加入多种原料，轻松实现多种食物原料的搭配，比用多种原料炒菜方便得多。做饺子也是有许多窍门的。

做饺子不剩面不剩馅的妙法

包饺子时，掌握不好面和馅的比例，不是剩点面，就是剩点馅。若想馅净面光、刚刚合适，可用以下方法一试：将和好的面团、调好的饺子馅各一分为二（如果还怕用馅不均匀，则可一分为四），先将一半的面、馅包成饺子，再将其余的面、馅各一分为二，然后将其中一半的面、馅包成饺子，就这样分而包之，每次包1/2，直至包完为止。对于实践经验不多的人，用这种方法比较稳妥。

和饺子面的窍门

在500克面粉里加入6个蛋清，使面里的蛋白质增加，包的饺子下锅后蛋白质会很快凝固收缩，饺子起锅后收水快，不易粘连；面要和得略硬一点，和好后放在盆里盖严密封10~15分钟，等面中的麦胶蛋白吸水膨胀，充分形成面筋后再包饺子。

煮饺子不粘连四法

和饺子面时，每500克面加1个鸡蛋，可使蛋白质含量增多，下锅煮时，蛋白质收缩凝固，使饺子皮变得结实，不易粘连。煮饺子时，如果在锅里放几段大葱，可使煮出的饺子不粘连。水烧开后加入少量食盐，盐溶解后再下饺子，直到煮熟，不用点水，不用翻，这样，水开时既不会外溢，饺子也不粘锅或连皮。饺子煮熟后，先用笊篱把饺子捞入温开水中浸一下，再装盘，就不会粘在一起了。

高压锅做饺子二法

煮饺子：在高压锅里加半锅水，置旺火上，水沸后，将饺子倒入（每次煮80个左右），用勺子搅转两圈，扣上锅盖（不扣限压阀），待蒸汽从阀孔喷放约半分钟后关火，直至不再喷汽时，开锅捞出即可。煎饺子：把高压锅烧热以后，放入适量的油涂抹均匀，摆好饺子，过半分钟，再向锅内洒点水，然后盖上锅盖，扣上限压阀，再用文火烘烤5分钟左右，饺子就熟了。用此方法煎出来的饺子，比蒸的、煮的或用一般锅煎出来的饺子好吃。

😋 调饺子馅的窍门

包饺子常用的馅料有很多种，其中动物性来源的有猪肉、牛肉、羊肉、鸡蛋和虾等；植物性来源的有韭菜、白菜、芹菜、茴香和胡萝卜等。这些原料本身营养价值都很高，互相搭配更有益于营养平衡。在日常生活中为了让馅料香浓味美，人们常常会有一些错误的做法，比如人们总会多放肉、少放蔬菜，避免产生太"柴"的感觉；同时，制作蔬菜原料时，一般要挤去菜汁，这会使其中的可溶性维生素和钾等营养成分损失严重。如何配制饺子馅才能既营养又美味？遵循以下几个原则就可以了。

如何配制饺子馅才能既营养又美味❓

1 合理搭配

从营养角度讲，纯肉饺子不利于消化吸收。肉馅里加些蔬菜，被吸收率提高到80%左右，营养更全面。肉属酸性，菜为碱性，利于营养平衡。蔬菜可促进人体肠胃蠕动，有助消化。如白菜含有维生素A、B族维生素、维生素C、维生素D和钙、磷、铁等矿物质，荤素皆宜。韭菜含有一种挥发性精油及硫化物，有温补肝肾、助阳固精的作用，能刺激肠胃，增加食欲。

2 比例适当

饺子馅的肉与菜的比例以1：1或2：1为宜。不要把菜汁倒掉。据测定，大白菜去汁后维生素会损失60%以上。把菜馅剁好后，先将菜汁挤压出来置盆中，拌肉时和酱油陆续加入，使菜汁渗入肉内，然后放上菜搅匀。素饺可拌入食用油，让油把菜包裹起来。若是韭菜肉馅，菜馅用油拌和后，再把拌好的肉馅倒入，混合均匀即可。用这种馅包出来的饺子，吃起来菜鲜汁多。

3 肉要成蓉状

做馅的肉，用刀剁碎或用绞肉机绞碎，使其成为蓉状。瘦肉多时可适量加菜汁或水，肥肉多时可少加菜汁或水，使劲向一个方向搅动。待肉黏糊后，再放适量的花椒粉、五香粉、食盐、鲜姜末、味精、芝麻油，继续搅拌。同时，酱油要一点一滴徐徐加入。如有肉汤最好加肉汤，边滴边搅拌，直到呈糊状后，再将菜馅拌入搅匀即可。用这样的饺子馅包成的饺子，吃时汤汁饱满，味鲜肉嫩。

制作饼类的重要因素

中式面点中的饼是我们经常会吃到的，它香酥可口，但制作起来却不太容易。制饼的方法很多，如烤饼、烙饼、煎饼、炸饼等，无论采取哪种方法做饼，都需要注意以下这几点制作因素。

😊 揉制面团要注意细节

想做出好吃的饼，细节也是很重要的，只有细心去做，才能做得美味。有以下这三点需要注意的细节：面粉要过筛，以便空气进入面粉中，这样做出来的饼才会松软有弹性；搅拌面粉时最好轻轻拌匀，不可太过用力，以免将面粉的筋度越拌越高；将面粉揉成团的过程中，千万不要把水一次全部倒进去，而是要分数次加入，揉出来的面团才会既有弹性，又能保持湿度。

😊 制作面团时加入油脂

在揉面团时添加油脂的目的是为了提高饼的柔软度和保存性，并可以防止饼干燥。另外，适量油脂也可帮助面团或面糊在搅拌及发酵时，保持良好的延展性，还可让饼吃起来口味香浓。但过多的油脂会阻碍面团的发酵与蓬松度，所以一定要按比例添加。

😊 选择适用的面粉

面粉是最重要的制饼原料，不同的面粉适合制作不同口味的饼。市面上销售的面粉可分为高筋面粉、中筋面粉、低筋面粉，做不同的饼要选择不同的面粉。

如何选 ?

1 低筋面粉

低筋面粉筋度与黏度非常低，蛋白质含量也是面粉中最低的，占6.5%～9.5%，可用于制作口感松软的各式锅饼、牛舌饼等。

2 中筋面粉

中筋面粉筋度及黏度适中，使用范围比较广，含有9.5%～11.5%的蛋白质，可用于制作烧饼、糖饼等软中带韧的饼。

3 高筋面粉

高筋面粉筋度大，黏性强，蛋白质含量在三种面粉中最高，占11.5%～14%，适合用来做松饼、奶油饼等有嚼劲的饼。

制作酥类的诀窍

要想做出风味独特的美食，掌握好下面几点很重要。

① 黄油打发的时间有讲究

　　要想将酥饼做得好吃，每一个环节都必须掌控好，黄油的打发这一关也同样不可忽视。在制作酥类球状物时，黄油打发的时间如果较短，面团就会比较容易成型，烤的时候也不容易扁塌；若黄油打发得比较充分，烤出来的口感会更酥脆，但由于黄油的延展性不佳，形状或将不能保持，容易扁塌。

② 包酥学问可不小

　　包酥，是以水油面作皮，干油酥作心，将干油酥包在水油面团内制作成酥皮的过程。

　　可分为大包酥和小包酥两种。大包酥是将油酥包入水油面团中，然后将其封口按扁，擀制成大面片，再卷成适当粗细的条，最后根据制品的定量标准进行分割；小包酥则是将干油酥和水油面团分别下成面剂，用水油面团将干油酥面团包住，然后将其封口按扁，擀制成薄长片，再从外向里卷成圆筒形，且卷的时候要紧而匀，保证粗细一致。两者的区别在于，前者制作快捷方便，后者酥层均匀、层次多、皮面光滑、不易破裂。

　　无论是哪一种包酥方法，都要注意水油面与干油酥的搭配比例，比例恰当才能做出酥脆可口的酥饼。除此之外，在擀制时应从中间往四周擀，用力要轻重适当，使得所擀制出来的薄皮的厚薄程度一致，且应尽量少用扑面；卷条时也要尽可能地卷紧，只有这样做出来的酥饼才能卖相十足。

③ 油酥制作不再单调

　　油酥作为酥心，是用来与水油面团层层间隔形成层次和起酥的，最后使得制品在熟制后松发酥香。

　　以前我们都是采用传统的方法——"擦酥"，即当油渗入面粉后，将其拌匀，放在案板上，用双手的掌根一层层地向前推擦，擦成一堆后，再滚到后面，摊成团，继续反复推擦，直到双手接触面团时能感受到它产生弹性为止。

　　随着时代的进步，现代科技使我们的日常生活变得越来越便捷，在饮食制作这一块也不例外。现在，和面机的出现让我们制作油酥时可以不用再像以前那般费劲和单一。我们只需先将油倒入和面机中，再倒入小麦粉，将二者的混合物搅拌2分钟，停机后将面坯取出，再将面坯分成若干个小剂子，用手使劲擦透即可。

④ 储存也有小妙招

　　当我们终于圆满地做成了美味可口的酥饼，又无法一次将其全部享用时，储存便成了我们的头号问题。那么怎样才能让我们辛勤劳动的成果好好保持原有的风味呢？

　　我们可以将剩余的小酥饼干用密封干燥的容器盛装，这样在室温下可以存放一周左右；在此期间，若取出食用时感觉饼干受潮了，可将其放回烤箱中，用170℃左右的温度烤几分钟，然后再将其晾凉，就又恢复到最初的口感了。

和面的方法

原料　面粉500克，奶粉20克，酵母5克，泡打粉5克

调料　白糖70克

做法

1
酵母装入碗中，加入少许面粉，备用。

2
用刮板将面粉开窝。

3
加入泡打粉、奶粉。

4
加入白糖。

5
加入适量清水拌匀。

6
然后在装有酵母的碗中加入少许清水，拌匀。

7
面粉中再加入适量清水。

8
加入活化好的酵母，拌匀。

9
将面粉揉搓成光滑、有弹性的面团。

馄饨皮的做法

原料　高筋面粉500克，鸡蛋1个

调料　盐2克

做法

1

高筋面粉中加入备好的鸡蛋、盐、水。

2

用手从外往里，由下而上，反复进行搅拌，直到拌匀。

3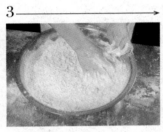

再加少许水，搅拌至面粉吃水呈均匀麦片状。

4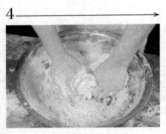

对揉压匀，使面粉均匀吃水呈结块状。

5

揉至面团的表面光滑柔润，再将面团揉捏成圆形。

6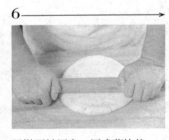

用擀面杖压扁，压成薄块状。

7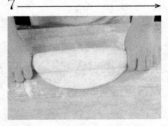

继续擀压，再用擀面杖卷起面团，反复擀至细薄状。

8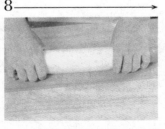

擀压至细薄达到馄饨皮的要求为止。

9

将薄皮叠起，用刀切出每块为6厘米×6厘米大小的馄饨皮。

饺子皮的做法

原料 高筋面粉50克，低筋面粉200克

调料 盐3克

做法

1

将高筋面粉、低筋面粉倒在案板上，拌匀。

2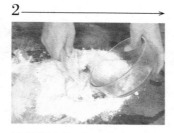

用刮板开窝，加入盐，再分几次加入清水，和面。

3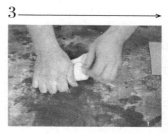

把面粉揉搓成光滑的面团。

4

用擀面杖把面团擀成面片。

5

将面片对折，再擀平，反复操作2~3次。

6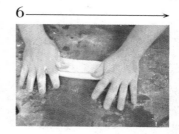

将面片卷起来，搓成粗细均匀的长条。

7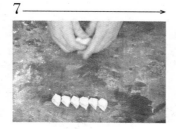

摘数个大小相同的小剂子。

8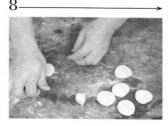

把小剂子压扁。

9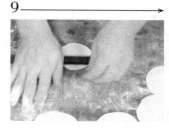

擀成薄厚均匀的饺子皮即可。

酥皮的做法

原料 低筋面粉220克，高筋面粉30克，黄
奶油40克，片状酥油180克

调料 细砂糖5克，盐1.5克

做法

1 →

在操作台上倒入低筋面粉、高
筋面粉，用刮板开窝。

2 →

倒入细砂糖、盐、清水拌匀，
并揉搓成光滑的面团。

3 →
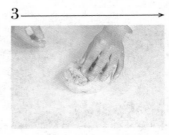
在面团上放上黄奶油，揉搓成
光滑的面团，静置10分钟。

4 →

在操作台上铺一张白纸，放入
片状酥油，包好。

5 →
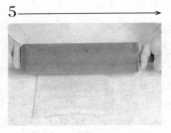
将片状酥油擀平，把面团擀成
片状酥油两倍大的面皮。

6 →
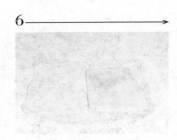
将片状酥油放在面皮的一边，
去除白纸。

7 →

将另一边的面皮覆盖上片状酥
油，折叠成长方块。

8 →
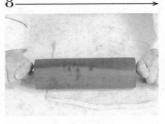
将包裹着片状酥油的面皮擀
薄，对折四次。

9 →

将折好的面皮放入冰箱，冷藏
10分钟，重复操作3次即可。

手擀面的做法

原料	高筋面粉500克，鸡蛋1个
调料	盐25克

做法

1
将高筋面粉放在案板上，用刮板开窝。

2
将盐放在窝中间。

3
加入鸡蛋、清水。

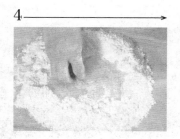
4
用手将蛋液、盐、水拌匀。

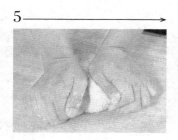
5
再将面粉拌入，揉成面团。

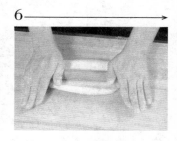
6
用擀面杖将面团擀薄。

7
将面皮擀成4毫米厚的面片后叠起来。

8
切成0.5厘米宽的面条。

9
将切好的面条扯散即可。

筋道健康的面条

　　面是我国最常见的传统主食之一，历史悠久，源远流长，驰名世界，其影响之深远实属罕见，从日本、韩国到东南亚诸国餐桌上随处可见面的踪迹。悠久的吃面历史当然也发展出了各种面的制作花样，有擀、抻、切、削、揪、压、搓、拨、捻、剔、溜等制法，以及蒸、煮、炒、煎、炸、烩、卤、拌等烹饪方法。本章中，我们将为大家一一介绍做法多样的面和粉，一起见证美味的诞生。

麻辣拌面

| 难度：★☆☆☆☆ | 时间：5分钟 | 口味：辣 |

原料　面条100克，白芝麻、辣椒粉各少许

调料　食用油5毫升，盐、鸡精各2克，生抽5毫升，麻椒碎末适量

烹饪技巧： 可加一些香菜或黄瓜丝，口感更好。

 做法

1　面条放入沸水锅中煮熟。

2　捞出面条，放入冷水中过水，捞出沥干，倒入盘中。

3　另起炒锅，放入适量食用油烧热。

4　倒入白芝麻、辣椒粉炒香。

5　淋入生抽，加盐、鸡精、麻椒碎末炒匀。

6　盛出后倒入面条中，拌匀即可食用。

芝麻酱拌面

| 难度：★☆☆☆☆ | 时间：3分钟 | 口味：咸 |

 原料　面条120克，黄瓜少许

调料　芝麻酱20克，盐3克，食用油少许

烹饪技巧： 芝麻酱可以用少许辣椒油调成味汁，食用时淋在面条上，这样口感更佳。

做法

1　黄瓜洗净，切丝，备用。

2　锅中倒入适量清水煮沸，放入少许食用油拌匀，倒入面条煮熟后捞出，沥干水分。

3　将面条倒入盘中，淋入芝麻酱，加少许盐，搅拌均匀。

4　最后放上黄瓜丝，拌匀即可食用。

西蓝花拌乌龙面

| 难度：★☆☆☆☆ | 时间：0分钟 | 口味：淡 |

| 原料 | 乌冬面80克，西蓝花50克，彩椒30克 |
| 调料 | 盐、鸡精各适量，食用油少许 |

烹饪技巧： 将彩椒和西蓝花焯水时，加少许醋可使口感更脆。

 做法

1　彩椒洗净，切丁，备用；西蓝花洗净，切成小朵。

2　彩椒丁和西蓝花放入沸水锅中焯水至熟，捞出沥干，备用。

3　锅中注入适量清水煮沸，注入少许食用油，倒入乌冬面煮熟。

4　将面捞出，装入碗中，倒入煮好的西蓝花、彩椒丁，加盐、鸡精拌匀调味即成。

香菇拌面

| 难度：★☆☆☆☆ | 时间：5分钟 | 口味：辣 |

原料 方便面100克，鲜香菇50克，红椒圈少许，葱花适量

调料 盐3克，鸡精2克，芝麻油5毫升

烹饪技巧： 洗香菇时，要洗净香菇褶皱里的杂质。

 做法

1 鲜香菇洗净，切片。

2 锅中注入适量清水煮沸，倒入方便面煮熟后捞出，沥干，倒入碗中。

3 锅中再倒入香菇片和红椒丝煮熟。

4 捞出后倒入装有方便面的碗中，加盐、鸡精、芝麻油拌匀调味即可食用。

青豆拌面

难度：★☆☆☆☆	时间：5分钟	口味：咸

原料 面条80克，青豆30克，葱末少许

调料 芝麻酱适量，盐少许，橄榄油适量

烹饪技巧：可加一些香菜，口感更好。

 做法

1. 青豆洗净，放入沸水锅中煮沸，加盐拌匀煮至入味，捞出备用。

2. 再将面条放入加了盐的沸水锅中煮3分钟至熟，捞出，装入碗中。

3. 倒入芝麻酱和青豆搅拌均匀，再淋入适量橄榄油拌匀即可食用。

菌菇温面

烹饪技巧：蟹味菇可以放入盐水中清洗，可以更好地去除杂质。

难度：★☆☆☆☆	时间：14分钟	口味：辣

 原料　金针菇80克，杏鲍菇90克，蟹味菇80克，挂面150克，葱花少许，七味唐辛子（七味粉）5克

调料　椰子油5毫升，生抽5毫升，料酒8毫升

做法

1　洗净的杏鲍菇切厚片，切条，改切成丁。

2　洗净的蟹味菇切去根部，切成小段。

3　洗净的金针菇撕开，改切成段。

4　热锅注入椰子油烧热。

5　倒入杏鲍菇、蟹味菇、金针菇，炒匀。

6　加入生抽、料酒，炒匀入味。

7　加盖，小火焖5分钟。

8　揭盖，将食材盛入盘中，待用。

9　沸水锅中倒入挂面，煮至熟软。

10　将煮好的挂面捞出放入凉水中过凉。

11　将挂面捞出沥干水，待用。

12　往挂面中倒入菇类，拌匀。

13　往备好的盘中倒入食材，撒上葱花、七味唐辛子即可。

豆角焖面

| 难度：★☆☆☆☆ | 时间：6分钟 | 口味：咸 |

原料 挂面100克，豆角100克，葱段、蒜末各少许

调料 盐、鸡粉各2克，生抽5毫升，豆瓣酱15克，上汤、料酒、食用油各适量

做法

1 洗净的豆角切成1厘米长的段。

2 装入盘中，备用。

3 锅中加入适量清水，加入食用油。

4 放入面条，搅拌，煮至熟。

5 把煮好的面条捞出，备用。

6 用油起锅，倒入蒜末、豆角。

7 淋入料酒，炒香。

8 加入生抽、豆瓣酱、上汤，炒匀，加盖。

9 加盐、鸡粉，炒匀调味。

10 倒入面条。

11 加盖，小火焖1分钟至熟软。

12 揭盖，放入葱段。

13 用锅铲炒匀。

14 把面条盛出，装入碗中即可。

烹饪技巧：豆角不宜切后再洗，以免营养成分流失过多。

西红柿鸡蛋打卤面

难度：★✩✩✩✩	时间：4分钟	口味：咸

原料	面条80克，西红柿60克，鸡蛋1个，蒜末、葱花各少许
调料	盐、鸡粉各2克，番茄酱6毫升，水淀粉、食用油各适量

烹饪技巧： 面条煮的时间不可过长。

 做法

1 西红柿洗净切小块；鸡蛋打入碗中，打散，调成蛋液。

2 锅中注水烧开，加入少许食用油，倒入备好的面条，煮至熟软，捞出，沥干水分，装碗。

3 起油锅，倒入蛋液，炒成蛋花状，盛入碗中。

4 锅底留油，爆香蒜末，放入西红柿、蛋花，炒匀。

5 注入少许清水，调入番茄酱、盐、鸡粉，煮至熟软。

6 倒入水淀粉勾芡，取面条，盛入锅中原料，放上葱花即可。

传统炸酱面

烹饪技巧： 老北京炸酱面还可以配上黄瓜丝、绿豆芽等。

难度：★☆☆☆☆	时间：8分钟	口味：鲜

原料 板面160克，香干35克，肉末50克，熟青豆20克，洋葱25克

调料 豆瓣酱15克，甜面酱10克，鸡粉少许，料酒2毫升，生抽3毫升，水淀粉、食用油各适量

 做法

1 去皮洗净的洋葱切丝，再切成丁；洗净的香干切条形，改切成小丁块。

2 用油起锅，倒入备好的肉末，炒匀至变色。

3 淋入少许料酒，炒匀，倒入洋葱丁，快炒一会儿，至其变软。

4 加入豆瓣酱、甜面酱，炒出香辣味。

5 注入适量热水，倒入备好的香干、熟青豆，加入少许鸡粉、生抽。

6 炒匀，用中火略煮，待汁水沸腾，倒入水淀粉勾芡，至食材入味。

7 关火后盛出炒好的材料，装入碗中，制成炸酱调料，待用。

8 锅中注水煮沸，放入板面，拌匀，用中火煮约3分钟，至食材熟透。

9 关火后捞出面条，沥干水，盛入汤碗中，再放入炸酱调料，拌匀即可。

酸菜肉末打卤面

| 难度：★☆☆☆☆ | 时间：4分钟 | 口味：咸 |

原料 挂面60克，酸菜45克，肉末30克，蒜末少许

调料 盐、鸡粉各2克，生抽2毫升，辣椒酱、水淀粉、生抽各适量，食用油、芝麻油各少许

做法

1 酸菜洗净，切成碎末。

2 锅中注入适量清水烧开，加入少许食用油、盐、鸡粉。

3 放入面条，拌匀，煮约2分钟至其熟软。

4 捞出面条沥干装碗待用。

5 用油起锅，倒入肉末，炒至变色。

6 加入生抽，炒匀，撒上蒜末，快速翻炒出香味。

7 倒入酸菜，炒匀，注入适量清水。

8 加少许辣椒酱、盐、鸡粉、老抽、水淀粉、芝麻油拌匀入味。

9 关火后盛出锅中的原料，浇在面条上即可。

泡菜肉末拌面

| 难度：★☆☆☆☆ | 时间：4分钟 | 口味：咸 |

原料 泡萝卜40克，酸菜20克，肉末25克，面条100克，葱花少许

调料 盐、鸡粉各2克，陈醋7毫升，生抽、老抽各2毫升，辣椒酱、水淀粉、食用油各适量

做法

1　泡萝卜切丝；酸菜洗净，切成粗丝。

2　锅中注水烧开，倒入泡萝卜、酸菜，拌匀，煮约1分钟，捞出。

3　锅中注水烧开，淋入食用油，放入面条煮约2分钟至熟软，捞出。

4　起油锅，倒入肉末炒变色，淋入生抽，倒入焯过水的食材，炒匀。

5　放入辣椒酱、少许清水，炒匀，调入盐、鸡粉、陈醋，煮至食材熟软、入味。

6　用水淀粉勾芡，调入老抽，盛入装有面条的碗中，撒上葱花即可。

手擀面

难度：★☆☆☆☆	时间：6分钟	口味：咸

原料 面粉250克，鸡蛋1个，香菇30克，瘦肉30克，菜心30克，蒜末适量

调料 盐、鸡粉、生抽、食用油各适量

烹饪技巧： 手擀面的面团越硬越好，揉的时候如果面团比较硬，用保鲜膜包起来，过10分钟再揉。

 做法

1 将面粉装盆，加冷水和成面团，揉匀揉光，用擀面杖将面擀成薄片，把面折起来，切成细条。

2 用手把面条上层的头端揪起，一手握头，一手握中间，抖出面粉，待用。

3 香菇洗净对半切开；瘦肉洗净切丝；菜心洗净，待用。

4 鸡蛋入沸水锅中煮熟捞出，对半切开；菜心焯水捞出。

5 锅中注油烧热，倒入蒜末爆香，加入瘦肉炒至变色，放入香菇炒匀，

加入盐、生抽、鸡粉。

6 炒至入味，制成浇头，盛出待用。

7 锅中注水烧开，下入面条煮熟捞出，沥干水，装入碗中，淋上炒好的浇头，放上鸡蛋和菜心即可。

燃面

难度：★☆☆☆☆	时间：6分钟	口味：鲜

原料 碱水面130克，花生米80克，芽菜50克，肉末30克，葱花少许

调料 盐3克，鸡粉2克，生抽5毫升，料酒4毫升，水淀粉、芝麻油、辣椒油、食用油各适量

烹饪技巧：花生米入锅后要不断翻动，以免炸煳。

 做法

1. 热锅注油烧热，倒入花生米，炸1分30秒，捞出，沥干油，放凉，去外衣，放入杵臼中捣成末。

2. 锅中注水煮沸，放入面条，加盐拌匀，煮至熟软，捞出，沥干水分。

3. 用油起锅，倒入肉末，炒至变色，加入生抽，放入芽菜，炒香。

4. 放入料酒、清水、盐、鸡粉，炒匀，用水淀粉勾芡。

5. 关火后盛入装有面条的碗中。

6. 撒上葱花、花生末，加生抽、芝麻油、辣椒油，拌匀调味。

担担面

| 难度：★☆☆☆☆ | 时间：5分钟 | 口味：咸 |

原料 碱水面150克，瘦肉70克，生菜50克，生姜20克，葱花少许

调料 上汤300毫升，盐2克，鸡粉少许，生抽、老抽各2毫升，辣椒油4毫升，甜面酱7克，料酒、食用油各适量

🥣 做法

1 去皮洗净的生姜拍碎，剁成末；洗净的瘦肉切碎，再剁成末。

2 沸水锅中加食用油，放入生菜，煮片刻捞出。

3 碱水面入沸水锅中煮2分钟，捞出装碗，放入生菜。

4 用油起锅，放入姜末爆香，倒入肉末，淋入料酒，倒入老抽，炒匀调色。

5 加入上汤、盐、鸡粉、生抽、辣椒油，拌匀。

6 加入甜面酱，拌匀煮沸。

7 盛出后倒入面条中，撒上葱花即可。

刀削面

难度：★☆☆☆☆　　时间：25分钟　　口味：咸

原料　面粉250克，上海青30克，猪瘦肉50克，姜末、蒜末、干辣椒各适量

调料　盐2克，生抽3毫升，胡椒粉、食用油各适量

烹饪技巧： 和面时水与面的比例是5：3，且水温要随季节走，一般冬热、夏凉、春秋温。

 做法

1　将面粉倒在案板上，开窝，加水和匀，揉成光滑面团，饧面10分钟。

2　将饧好的面团再撒适量面粉揉成圆柱形。

3　锅中注入适量清水大火烧开，将面团放在擀面杖上，左手托起，倾斜于已经烧开水的锅上。

4　右手持刀与面团成30°角，由上往下，削出边缘薄、中间稍厚的面条，落入开水中。

5　煮至熟软后捞出、沥干，放入碗中备用。

6　将洗净的瘦肉切末，干辣椒切成小段。热锅注油烧热，放入干辣椒、姜末、蒜末爆香。

7　然后倒入肉末，炒至变色，放入上海青翻炒均匀，加入盐、生抽、胡椒粉翻炒至入味，淋入少许清水炒匀、入味。

8　盛出浇在刀削面上即可。

爽口黄瓜炸酱面

| 难度：★☆☆☆☆ | 时间：4分钟 | 口味：咸 |

烹饪技巧： 酱料中可以放入切碎的香菇炒香，香味会更浓郁。

原料 熟面条200克，五花肉200克，黄瓜70克，干黄酱、甜面酱各30克，姜末、葱碎、香菜、蒜末各少许

调料 鸡粉1克，白糖2克，食用油适量

 做法

1 洗净的黄瓜斜刀切片，切丝。

2 洗好的五花肉去皮，切片，切小块。

3 取空碗，倒入干黄酱、甜面酱。

4 注入少许清水，搅拌均匀成酱料，待用。

5 用油起锅，倒入切好的五花肉，翻炒约1分钟至转色。

6 倒入姜末和葱碎。

7 翻炒均匀，至飘出香味。

8 倒入酱料，翻炒均匀。

9 加入白糖、鸡粉，炒匀调味。

10 注入少许清水。

11 搅匀，稍煮1分钟至酱料微稠入味。

12 关火后将酱料浇在备好的面条上。

13 在一旁放上黄瓜丝。

14 另一旁放上洗净的香菜，撒上蒜末即可。

河南卤面

| 难度：★☆☆☆☆ | 时间：21分钟 | 口味：咸 |

原料 包菜85克，豆角90克，五花肉90克，细面条200克，葱段、蒜片各少许

调料 盐、鸡粉、十三香各1克，生抽5毫升，食用油适量

 做法

1 洗好的包菜切条。

2 洗净的豆角切成段。

3 洗净的五花肉切片。

4 细面条上淋入少许食用油。

5 将细面条拌匀，待用。

6 电蒸锅注水烧开，放入拌匀的细面条，盖上盖，蒸15分钟至熟。

7 揭开盖，取出蒸好的面条，待用。

8 用油起锅，放入切好的五花肉片，翻炒数下。

9 倒入葱段和蒜片，再放入十三香，

炒匀。

10 倒入切好的豆角，翻炒数下，加入生抽，注入少许清水至没过锅底，稍煮半分钟。

11 放入切好的包菜，加入盐，将食材拨散。

12 放入细面条，注入50毫升清水。

13 加盖，焖3分钟至食材入味。

14 揭盖，加入鸡粉，炒匀调味即可。

① ② ③

烹饪技巧：蒸好的细面条可以搅散一点，越散越好，方便后续焖的时候更入味。

牛腩刀削面

| 难度：★☆☆☆☆ | 时间：53分钟 | 口味：咸 |

| 原料 | 面150克，牛腩80克，葱段、香菜段各5克，红椒、八角、桂皮、香叶、花椒各少许 |
| 调料 | 盐6克，鸡精3克，料酒、食用油、老抽各少许 |

烹饪技巧： 牛腩不易烹饪烂，所以在炒制时可放少许橘皮，有利于炒烂。

 做法

1. 牛腩洗净，切块，用盐、鸡精和料酒腌渍片刻。

2. 锅中注入清水，倒入食用油、老抽、红椒、八角、桂皮、香叶、花椒，放入牛腩，大火煮10分钟。

3. 再转中火煮30分钟至牛腩熟烂，捞出牛腩，将卤汁过滤至碗中，备用。

4. 另起锅，注入适量清水煮沸，倒入刀削面煮10分钟至熟，捞出。

5. 将面倒入装有卤汁的碗中，再放入牛腩肉，撒上葱段和香菜，即可食用。

热干面

| 难度：★☆☆☆☆ | 时间：3.5分钟 | 口味：咸 |

原料 碱水面100克，辣萝卜干30克，金华火腿末20克，葱花少许

调料 盐6克，芝麻酱10克，芝麻油10毫升，生抽5毫升，鸡粉2克

烹饪技巧： 辣萝卜干在烹食前最好用清水浸泡，析出部分盐分。

1　锅中倒入适量清水，用大火烧开。

2　放入碱水面，煮约1分钟至软。

3　把煮好的面条捞出，盛入碗中。

4　淋入芝麻油，拌匀，备用。

5　锅中倒入适量清水，用大火烧开，加入盐。

6　放入面条，烫煮约1分钟至熟。

7　把面条盛入碗中。

8　加盐、鸡粉。

9　倒入萝卜干、火腿末。

10　再加入生抽。

11　加入芝麻酱。

12　倒入芝麻油、葱花。

13　用筷子拌匀，调味。

14　把拌好的热干面盛出装盘即可。

虾仁菠菜面

| 难度：★☆☆☆☆ | 时间：8分钟 | 口味：咸 |

原料 菠菜面70克，虾仁50克，菠菜100克，上海青100克，胡萝卜150克

调料 盐5克，鸡粉3克，水淀粉、食用油各适量

做法

1　将洗净的上海青切瓣，备用。

2　洗净的菠菜切成段，备用。

3　去皮的胡萝卜切片，再切成丝。

4　将虾仁背部切开，去除虾线。

5　虾仁装入碟中，加1克盐、鸡粉。

6　倒入水淀粉，拌匀，腌渍5分钟至入味。

7　锅中倒入适量清水，用大火烧开，加入少许食用油。

8　放入上海青，加4克盐，煮约半分钟至熟。

9　将上海青捞出，备用。

10　放入菠菜面，搅拌匀，煮约2分钟至熟。

11　加入胡萝卜，煮片刻至断生。

12　再放入菠菜，煮软。

13　最后放入虾仁，拌匀。

14　加入鸡粉，拌匀。

15　把煮好的面条捞出，装入碗中。

③　　④　　⑨

⑪　　⑫　　⑬

烹饪技巧：菠菜含有大量的草酸，在食用前放入沸水锅中焯烫片刻，即可除去80%的草酸。

翡翠凉面

| 难度：★☆☆☆☆ | 时间：0分钟 | 口味：咸 |

原料 挂面250克，火腿、黄瓜、虾米、鸡肉、榨菜各50克，姜、蒜各适量

调料 盐、芝麻油、食用油、酱油、辣椒油、腐乳汁、醋各适量

 做法

1 锅内注水烧开。

2 放入面条煮熟，捞出沥干水分。

3 面条加所有调料拌匀。

4 鸡肉煮熟切末。

5 虾米用温水浸泡，切碎。

6 将榨菜切末。

7 将火腿、黄瓜切丝。

8 将姜切末。

9 将蒜去皮洗净，切泥。

10 将处理好的原料搅匀盛碟，和面拌匀食用。

烹饪技巧：食用时可以淋入少许芝麻油拌匀，这样面条的口感更爽滑。

鸡丝凉面

| 难度：★☆☆☆☆ | 时间：4分钟 | 口味：咸 |

原料 挂面200克，黄瓜、黄豆芽各20克，鸡胸肉60克，熟白芝麻、葱花各少许

调料 生抽6毫升，盐、鸡粉各3克，芝麻酱8克，水淀粉、芝麻油、食用油各适量

做法

1 黄瓜切丝；鸡胸肉切片，再切细丝。

2 将鸡肉丝装入碗中，加入盐、鸡粉、水淀粉，拌匀上浆。

3 倒入适量食用油，腌渍约10分钟，至其入味。

4 锅中注水烧开，加入少许食用油，放入黄豆芽，煮至断生捞出沥干。

5 沸水锅中放入面条，拌匀，煮至其熟软捞出装盘，待用。

6 热锅注油，烧至三四成热，倒入鸡肉滑油至变色，捞出沥干。

7 取一个大碗，放入面条、鸡肉。

8 倒入黄瓜、黄豆芽，加入生抽、盐、鸡粉。

9 淋入少许芝麻油，拌匀，加入芝麻酱，拌至溶化。

10 撒上葱花、熟白芝麻，拌匀盛入拌好的凉面即可。

① ④ ⑤
⑥ ⑧ ⑨

黑芝麻牛奶面

难度：★☆☆☆☆	时间：4分钟	口味：咸

原料 挂面50克，黑芝麻3克，牛奶250毫升，蜂蜜5克

调料 白糖2克

 做法

1 锅中注入适量清水烧开，倒入挂面，煮约2分钟至熟。

2 关火后捞出煮好的挂面，装入碗中备用。

3 锅置于火上，倒入牛奶，煮约2分钟至沸。

4 加入蜂蜜，拌匀。

5 倒入黑芝麻，加入白糖。

6 搅拌片刻至白糖溶化。

7 关火后盛出牛奶。

8 倒入装有挂面的碗中即可。

① ② ③ ④ ⑤ ⑥

烹饪技巧：挂面不要煮太久，否则太软口感不好。

葱白姜汤面

| 难度：★☆☆☆☆ | 时间：3分钟 | 口味：咸 |

| 原料 | 挂面180克，姜、葱各少许 |
| 调料 | 盐、鸡粉各2克，食用油适量 |

🥣 做法

1　把姜洗净，去皮后切成丝。

2　把葱洗净，切成丝。

3　用油起锅，倒入姜丝、葱丝，爆香。

4　注入适量清水，用大火煮沸。

5　倒入面条，拌匀，煮至熟软。

6　加入盐、鸡粉。

7　用长筷轻轻搅拌面条，加盖煮至入味。

8　关火后盛出煮好的面条即可。

蔥油面

难度：★☆☆☆☆	时间：8分钟	口味：咸

原料 挂面80克，青菜50克，大葱50克

调料 盐3克，鸡粉2克，食用油适量

 做法

1 热锅注油烧热，倒入大葱，爆香。

2 注入适量的清水，搅拌煮沸。

3 放入挂面，搅拌再次煮开。

4 加入盐、鸡粉，搅拌调味。

5 倒入青菜，搅拌煮至熟。

6 关火，将煮好的面盛出装入碗中即可。

面片汤

难度：★★☆☆☆ | 时间：15分钟 | 口味：咸

原料 西红柿90克，馄饨皮100克，鸡蛋1个，姜片、葱段各少许

调料 盐2克，鸡粉少许，食用油适量

做法

1 将备好的馄饨皮沿对角线切开，制成生面片，待用。

2 洗好的西红柿切开，再切小瓣。

3 把鸡蛋打入碗中，搅散，调成蛋液，待用。

4 用油起锅，放入姜片、葱段，爆香。

5 盛出姜、葱，倒入切好的西红柿，炒匀。

6 注入适量清水，用大火煮约2分钟，至汤水沸腾。

7 倒入生面片，搅散、拌匀，转中火煮约4分钟，至食材熟透。

8 再倒入蛋液，拌匀，至水面浮现蛋花。

9 加入盐、鸡粉，拌匀调味。

10 关火后盛出煮好的面片，装在碗中即可。

西红柿鸡蛋面

| 难度：★☆☆☆☆ | 时间：6分钟 | 口味：咸 |

原料 挂面200克，西红柿80克，鸡蛋1个，葱段、葱花各适量

调料 盐、鸡粉各适量

做法

1　洗净的西红柿对半切开，去蒂，再切厚片，切成小块，待用。

2　热锅注入适量油烧热，倒入蛋液，快速翻炒。

3　将炒好的鸡蛋盛入碗中，待用。

4　另起锅注入少许油烧热，倒入葱段，爆香。

5　倒入西红柿，稍微压碎。

6　注入适量清水，使之没过食材，倒入鸡蛋，撒上盐、鸡粉。

7　充分拌匀，煮至沸腾。

8　关火后将煮好的汤盛出，浇在备好的面条上，放上葱花即可。

肉末碎面条

| 难度：★☆☆☆☆ | 时间：4分钟 | 口味：咸 |

原料　肉末50克，上海青、胡萝卜各适量，水发面条120克，葱花少许

调料　盐2克，食用油适量

 做法

1　将去皮洗净的胡萝卜切片，切成细丝，再切成粒。

2　洗好的上海青切粗丝，再切成粒。

3　面条切成小段。

4　把切好的食材分别装在盘中。

5　用油起锅，倒入备好的肉末，翻炒几下，至其松散、变色。

6　再下入胡萝卜粒，放入切好的上海青，翻炒几下。

7　注入适量清水，翻动食材，使其均匀地散开。

8　再加入盐，拌匀调味。

9　用大火煮片刻。

10　待汤汁沸腾后下入切好的面条。

11　转中火煮一会至全部食材熟透。

12　关火后盛出煮好的面条，装在碗中，撒上葱花即成。

云吞面

| 难度：★☆☆☆☆ | 时间：7分钟 | 口味：咸 |

| 原料 | 云吞110克，挂面120克，菠菜45克 |
| 调料 | 盐、鸡粉、胡椒粉各1克，生抽、芝麻油各5毫升 |

烹饪技巧： 云吞煮至漂浮在水面即为熟软，便可捞出食用。

 做法

1 取一空碗，加入盐、鸡粉、胡椒粉、生抽、芝麻油，待用。

2 锅中注水烧开，将适量沸水盛入装有调料的碗中，调成汤水。

3 沸水锅中放入面条，煮约2分钟至熟软。

4 捞出煮好的面条，沥干水分，盛入汤水中，待用。

5 锅中再放入云吞，煮至熟软。

6 倒入洗净的菠菜，煮至熟透。

7 捞出煮好的云吞和菠菜，沥干水分，盛入汤面碗里即可。

摆汤面

烹饪技巧： 摆汤面的汤面要分碗。一碗盛臊汤，汤煎臊鲜；一碗盛面条，清波叠丝。

难度：★☆☆☆☆	时间：0分钟	口味：咸

 原料 细面条150克，肉末100克，葱白25克，水发木耳、水发黄花菜、油豆腐各30克，葱花少许，韭菜末15克，姜末、蒜末、高汤各适量

调料 盐3克，五香粉2克，生抽5毫升，陈醋、食用油各4毫升

做法

1　洗净的葱白切成丝，待用。

2　水发黄花菜切成碎，待用。

3　水发木耳切成条，再切成碎。

4　油豆腐对半切开，切成条，再切成碎，待用。

5　热锅注油烧热，放入葱白丝、木耳碎、黄花菜碎、油豆腐碎，放入盐、生抽，翻炒入味。

6　热锅注油烧热，放入姜末、蒜末、肉末，翻炒均匀，再放入生抽、陈醋、盐、五香粉，翻炒入味。

7　热锅倒入高汤，放入炒好的食材、陈醋、葱花和韭菜末，煮至熟。将煮好的汤汁盛至备好的碗中。

8　热锅注入适量的清水煮沸，放入细面条，煮至熟软。

9　将煮好的面条捞至备好的碗中，配上刚煮好的汤汁即可。

水煮肉烩面

| 原料 | 面团130克，猪瘦肉70克，香菜碎30克，小白菜、火腿肠各90克，花生米40克 |
| 调料 | 盐、鸡粉、胡椒粉各2克，料酒3毫升，水淀粉2毫升，芝麻油5毫升 |

烹饪技巧： 将面片抓匀的时候要撒入少许面粉，防止粘连。

 做法

1　洗净的小白菜去根，切成两段；火腿肠切片；洗净的瘦肉切片。

2　将面团均匀擀成薄面皮，再切长条，将长条面皮撕成小面片，抓匀后装盘。

3　瘦肉片中加入1克盐、1克鸡粉，放入料酒、水淀粉拌匀，腌渍5分钟至入味。

4　锅中注水烧开，放入瘦肉片、面片，拨散，加入火腿肠片，稍煮半分钟。

5　加入1克盐、1克鸡粉，放入胡椒粉，倒入切好的小白菜，加入芝麻油。

6　盛出装碗，放入花生米、香菜碎即可。

龙须面

烹饪技巧：龙须面不要煮太长时间。

难度：★☆☆☆☆	时间：4分钟	口味：咸

原料 龙须面300克，猪肉馅30克，西红柿1个，生姜、大蒜、上海青各适量

调料 盐2克，山西陈醋、老抽、料酒、食用油各适量

 做法

1 准备好西红柿，切小块；姜和蒜洗净切末；上海青择洗干净，撕开。

2 沸水锅中加入龙须面煮至熟软，捞出，装碗，待用。

3 锅中倒油烧热，加入猪肉馅炒匀，放入姜末、蒜末，加入小碗清水，淋入料酒，放入西红柿煮至软烂，下入上海青煮一会儿。

4 加入老抽、盐、陈醋，拌匀即成酱料，盛出倒在龙须面上，摆好即可。

岐山臊子面

| 难度：★☆☆☆☆ | 时间：15分钟 | 口味：咸 |

原料 鸡蛋液20克，豆腐90克，青蒜苗15克，去皮土豆140克，五花肉175克，干辣椒2克，面粉110克，去皮胡萝卜65克，木耳20克，姜末10克，葱花10克

调料 盐、鸡粉、五香粉各3克，辣椒粉5克，料酒、生抽、陈醋各4毫升，食用油适量

做法

1 在碗中放入面粉，注入清水，搅拌成面糊，再撒入面粉，和成面团。

2 将和好的面团放入碗中，封上保鲜膜，饧发20分钟。

3 五花肉切成丁；土豆、胡萝卜切成片；豆腐切成丁；木耳切成小条。

4 热锅刷油，放入备好的鸡蛋液，煎5分钟至两面焦黄成蛋饼。

5 将蛋饼放在案板上，切成丝。热锅注油烧热，放入猪肉丁，炒至微干。

6 放入葱白、姜末各一半，放入干辣椒、五香粉、料酒，翻炒出香味，放入生抽、陈醋，炒匀，放入盐、鸡粉、

辣椒粉，翻炒均匀，制成臊子。

7 热锅注油烧热，放入葱花、姜末、木耳、土豆、胡萝卜、豆腐、盐、鸡粉，注入清水，盖上锅盖，焖3分钟。

8 使用擀面杖将面团擀成面饼，叠起来，切成面条。

9 热锅注水烧沸，放入面条煮熟，捞起至备好的碗中。

10 热锅注油，放入青蒜苗爆香，注入少量陈醋、清水、盐，烧开。

11 将汤汁浇在面条上，放入食材、臊子、鸡蛋丝即可。

④　⑤

⑦　⑧　⑩

旗花面

原料 面团230克，鸡肉25克，猪肉30克，海带丝20克，水发黄花菜15克，面粉、葱花、葱白丝、姜丝、鸡蛋皮、高汤各适量

调料 料酒5毫升，盐、鸡粉各3克，陈醋12毫升，胡椒粉2克，食用油适量

烹饪技巧： 旗花面的面片要煮得熟软一些，不能过硬，这样口感才会好。

 做法

1　洗净的猪肉切片，再切成丝。

2　洗净的鸡肉切片，再切成丝。

3　洗净的水发黄花菜切成条，待用。

4　将和好的面团取出，撒少量面粉，用擀面杖擀成薄面皮。

5　切成长条状，再切成菱形状。

6　将切好的菱形面叠在一起，撒少量面粉。

7　热锅注水烧沸，将菱形面一个个放

入锅中，煮4分钟至变色。将煮好的菱形面捞出。

8　热锅注油烧热，放入姜丝、葱丝，翻炒均匀；放入猪肉丝、鸡肉丝，炒至变色；放入料酒、黄花菜条、海带丝、鸡粉、盐，翻炒出香味。

9　关火，将炒好的菜肴盛至放有菱形面的碗里。

10　热锅注入高汤，放入陈醋、胡椒粉、鸡蛋皮、葱花、盐，煮至沸腾。

11　将煮好的汤汁倒入面中即可。

咸安合菜面

| 难度：★★☆☆☆ | 时间：30分钟 | 口味：咸 |

原料 挂面230克，豆腐50克，瘦肉55克，黑木耳45克，榨菜25克，葱花、蒜末各少许

调料 盐3克，料酒2毫升，食用油少许

 做法

1. 将豆腐洗净，切成条；瘦肉洗净，切成丝；榨菜洗净，切成丝。

2. 瘦肉丝装入碗中，加入1克盐、料酒，腌渍一会儿至入味。

3. 净锅上火加热，滴几滴食用油，放入备好的面条，翻炒至面条呈金黄色，盛出炒好的面条，放入盘中，待用。

4. 另起锅注入适量清水，大火烧开，放入木耳焯水至变软，捞出，沥干水分，再切成丝。

5. 锅中注入适量清水烧开，放入炒好的面条，煮一会儿至再次沸腾。

6. 倒入焯好水的豆腐条、黑木耳丝、榨菜丝，加入腌渍好的瘦肉丝，续煮一会儿至食材熟软。

7. 加入2克盐煮至入味，撒上蒜末煮一会儿，盛出，点缀上葱花即可。

排骨黄金面

| 难度：★☆☆☆☆ | 时间：4分钟 | 口味：咸 |

原料 挂面100克，排骨段100克，胡萝卜35克，上海青45克

调料 盐2克，鸡粉2克，料酒4毫升，食用油适量

做法

1 砂锅中注入适量清水烧开，倒入洗净的排骨段，淋入适量料酒，搅匀。

2 盖上盖，烧开后用中火煮约40分钟，捞出氽煮好的排骨，放凉待用。

3 洗净去皮的胡萝卜切片，切条形，改切成粒。

4 洗好的上海青切细条，切碎。

5 放凉的猪骨切取肉，切小块，剁成末，备用。

6 砂锅中留猪骨汤烧开，放入面条，拌匀。

7 倒入肉末，放入胡萝卜。

8 盖上锅盖，用中火煮约3分钟。

9 揭开锅盖，倒入上海青，转大火，煮至熟软。

10 加少许盐、鸡粉、食用油，拌煮片刻至食材入味，装碗中即可。

烹饪技巧：宜选用肥瘦相间的排骨，不能选全部是瘦肉的，否则煮出的面口感较差。

喜面

| 难度：★☆☆☆☆ | 时间：100分钟 | 口味：咸 |

原料 小南瓜150克，鸡蛋60克，辣椒丝3克，面条300克，牛肉200克，葱、蒜头各20克

调料 盐7克，清酱18克，食用油适量

烹饪技巧： 传统的喜面面汤应该用鳀鱼来熬煮的高汤，味道会更加鲜美。

 做法

1 牛肉用棉布擦干血水，葱、蒜头分别清理后洗净。

2 在锅里放入牛肉与水，用大火煮10分钟左右，煮到沸腾时，转中火再炖40分钟左右，放入葱、蒜头续煮20分钟左右。

3 将牛肉捞出，切块；肉汤用棉布过滤；小南瓜洗净削皮后切丝，放3克盐腌10分钟左右后用棉布擦干水分。

4 鸡蛋分成蛋清、蛋黄，分别打散煎成蛋皮后，切丝；辣椒丝切段。

5 平底锅加热，放入食用油，并加入小南瓜，用中火炒30秒左右至呈绿色，盛出。

6 在锅里倒入肉汤，大火煮至沸腾，放清酱与4克盐，熬成酱汤。

7 锅中注入清水，煮到沸腾，放入面条煮3分钟，捞出，用水冲洗后，用筛子沥去水分，装到碗里，倒入肉汤，撒上牛肉、小南瓜、黄白蛋丝、辣椒丝即可。

清炖牛腩面

| 难度：★★☆☆☆ | 时间：10分钟 | 口味：咸 |

烹饪技巧：用高压锅炖牛腩可以节省炖肉的时间。

原料 挂面200克，牛腩250克，白萝卜100克，香菜、姜各适量

调料 盐、胡椒粉、清汤各适量

 做法

1 将胡萝卜洗净，切滚刀块。

2 姜切丝，将白萝卜洗净，切滚刀块。

3 将牛腩放入沸水锅中焯熟，捞出沥干，放凉后切成小块。

4 将熟牛腩块、白萝卜块、胡萝卜块、清汤一起放入锅中，炖煮约40分钟。

5 锅内注水烧沸，放入面条煮熟，捞出盛碗中。

6 倒入炖好的原料，加香菜、姜丝、盐、胡椒粉即可。

葱爆羊肉面

| 难度：★☆☆☆☆ | 时间：5分钟 | 口味：咸 |

| 原料 | 羊肉100克，洋葱、胡萝卜各50克，挂面150克，葱花、姜末、蒜瓣各适量 |
| 调料 | 盐、味精、生抽、孜然粉、食用油各适量 |

烹饪技巧： 羊肉片不要切太薄，大约有一分硬币的薄厚就可以，这样口感更软嫩。

 做法

1 羊肉切丝，加少许食用油，搅拌均匀。

2 将洋葱、胡萝卜分别洗净，切丝；葱切段。

3 锅中注水烧沸，放入面条煮熟，淋入适量生抽，盛出备用。

4 热锅注油烧热，放入蒜瓣、姜末，爆香。

5 放入羊肉大火翻炒至断生。

6 淋入适量生抽，撒孜然粉，翻炒均匀。

7 放入葱段、盐、味精，翻炒均匀。

8 盛出后倒在煮好的面条上，撒葱花即可。

清汤羊肉面

| 难度：★☆☆☆☆ | 时间：6分钟 | 口味：咸 |

 原料 羊骨100克，羊肉100克，挂面100克，葱、姜、香菜、桂皮、八角各适量

调料 胡椒粉、盐、食用油各适量

烹饪技巧：煮面条时可以用筷子搅散，避免粘连在一起。

做法

1 羊骨斩块，羊肉洗净切片，香菜、葱分别洗净切碎。

2 锅中注水烧沸，放入羊骨，加入葱、桂皮、八角，加盖熬煮30分钟。

3 揭盖，放入羊肉片汆熟，加适量盐，煮至食材入味。

4 另起一锅，加入适量清水煮沸，放入面条煮至断生。

5 放适量食用油，加胡椒粉、盐，煮熟。

6 将面条盛入碗中，盛出羊肉铺在上面，淋上适量羊肉汤，撒上葱花、香菜即可。

高丽菜鸡肉挂面

| 难度: ★☆☆☆☆ | 时间: 6分钟 | 口味: 咸 |

原料 高丽菜30克，鸡腿肉200克，苹果泥40克，挂面150克，鸡汤适量，白芝麻少许

调料 生抽10毫升，料酒8毫升，白糖5克，盐3克，生姜汁、水淀粉、黑胡椒粉、食用油各适量

做法

1 高丽菜切成大块。

2 鸡腿上切一字花刀，放入油锅中煎至两面金黄色，待用。

3 取一个小碗，放入生抽、料酒、白糖、生姜汁、苹果泥，搅拌匀，慢慢淋在肉上。

4 将酱料全部倒入煎锅内，大火烧开。

5 放入煎好的鸡腿肉，盖上盖，将其焖熟。

6 揭开盖，倒入水淀粉，收汁后盛出，再切成厚片，待用。

7 鸡汤倒入锅中煮开，放入面条，将其煮熟。

8 将高丽菜放入锅中，加入少许盐，拌匀调味。

9 煮好的面捞出装入碗中，再摆放上鸡腿肉，撒上白芝麻即可。

鸡肉豆芽面

难度：★☆☆☆☆	时间：23分钟	口味：咸

原料 面条100克，鸡胸肉50克，鸡蛋1个，绿豆芽20克，葱花10克

调料 盐3克，鸡精2克，生抽5毫升，食用油适量

烹饪技巧： 鸡胸肉不要煮太久，以免肉质变老，影响口感。

 做法

1 将鸡胸肉洗净，用盐腌渍片刻，待用；绿豆芽洗净，待用；将鸡蛋放入沸水锅中煮至熟，捞出，待用。

2 锅中倒入适量清水烧开，淋入适量食用油，放入面条，煮10分钟至熟软，加盐、鸡精、生抽拌匀调味，最后连汤倒入大碗中。

3 锅中再倒入清水烧开，倒入绿豆芽焯水，捞出，盛在面条上。

4 沸水锅中再放入鸡胸肉，煮8分钟至熟，捞出装盘，撕成小块，盛在面条上。

5 将煮好的鸡蛋去壳，对半切开，放在面条上，最后撒上葱花即可。

鸡汤面

| 难度：★★☆☆☆ | 时间：150 分钟 | 口味：咸 |

 原料 土鸡1只，小葱、姜片、红枣各适量，青菜20克

调料 盐适量

烹饪技巧： 煲鸡汤时一定要冷水下锅，这样鸡肉与水温逐渐同时升高，从而可以充分释放鸡肉的营养与香味。

🥣 做法

1 将土鸡清洗干净，剪去鸡尖放入汤煲中。

2 将小葱、姜片和红枣洗净，加入汤煲中，再倒入没过土鸡的凉水。

3 开火煮沸，撇去浮沫，加盖转小火慢煲2小时以上。

4 中间不要开盖，要一次加足水量；最后在煲好鸡汤后放盐，转大火继续煲10分钟后关火。

5 将鸡油撇出，在小砂锅中倒入适量的鸡汤；待煮沸后，加入面条煮至熟软，关火，加入鸡翅、鸡腿和适量的青菜即可。

砂锅鸭肉面

| 难度：★★☆☆☆ | 时间：35分钟 | 口味：咸 |

原料 挂面60克，鸭肉块120克，上海青35克，姜片、蒜末、葱段各少许

调料 盐、鸡粉各2克，料酒7毫升，食用油适量

 做法

1 洗净的上海青对半切开。

2 锅中注水烧开，加入食用油，倒入上海青，煮至断生，捞出。

3 沸水锅中倒入鸭肉，拌匀，余去血水，撇去浮沫，捞出沥干。

4 砂锅中注水烧开，倒入鸭肉，淋入料酒，撒上蒜末、姜片。

5 盖上盖，烧开后用小火煮约30分钟。

6 揭盖，放入面条，搅拌匀。

7 盖上盖，转中火煮约3分钟至面条熟软。

8 加入盐、鸡粉，拌匀，煮至食材入味，取下砂锅，放入上海青，点缀上葱段即可。

烹饪技巧：此款面食以清淡口味为佳，不宜多放盐。

熏马肉面

| 难度：★☆☆☆☆ | 时间：4分钟 | 口味：咸 |

原料　熏马肉160克，红薯苗25克，挂面150克，高汤400毫升

调料　盐、鸡粉、胡椒粉各2克，芝麻油少许

做法

1　将备好的熏马肉切片，备用。

2　锅置于火上，倒入高汤，用大火煮至沸。

3　放入面条，拌匀，煮约 3 分钟至其熟软。

4　捞出面条，装入碗中，待用。

5　沸水锅中加入盐、鸡粉、胡椒粉。

6　放入红薯苗，淋入少许芝麻油，用大火煮至变软。

7　夹出红薯苗，装入碗中。

8　放入切好的熏马肉，盛入锅中的汤汁即可。

① ② ③
⑤ ⑥ ⑦

087

银鱼豆腐面

难度：★☆☆☆☆	时间：6分钟	口味：淡

原料	面条160克，豆腐80克，黄豆芽40克，银鱼干少许，柴鱼片汤500毫升，蛋清15克
调料	盐2克，生抽5毫升，水淀粉适量

烹饪技巧： 水淀粉的用量可适当多一些，这样面条的口感更佳。

 做法

1 将洗净的豆腐切开，改切小方块，备用。

2 锅中注入适量清水烧开，倒入备好的面条。

3 搅匀，用中火煮约4分钟，至面条熟透。

4 关火后捞出煮熟的面条，沥干水分，待用。

5 另起锅，注入柴鱼汤，放入洗净的银鱼干。

6 拌匀，用大火煮沸，加入少许盐、生抽。

7 再倒入洗净的黄豆芽，放入豆腐块，拌匀。

8 淋入适量水淀粉，拌匀，煮至食材熟透。

9 再倒入蛋清，边倒边搅拌，制成汤料，待用。

10 取一个汤碗，放入煮熟的面条，盛入锅中的汤料即成。

沙茶墨鱼面

| 难度：★★★☆☆ | 时间：7分钟 | 口味：咸 |

 原料 挂面170克，墨鱼肉75克，黄瓜45克，胡萝卜50克，红椒10克，蒜末少许，柴鱼汤450毫升

调料 沙茶酱12克，生抽5毫升，水淀粉、食用油各适量

烹饪技巧： 墨鱼汆煮前最好用料酒腌渍一会儿，这样食材的口感会更好。

做法

1 墨鱼肉切花刀，再切小块。

2 胡萝卜洗净去皮切片，黄瓜切薄片，红椒切圈。

3 墨鱼放入沸水锅中汆去腥味，捞出沥干。

4 锅中注水烧开，倒入挂面，用中火煮约3分钟，至熟透捞出沥干。

5 用油起锅，放入蒜末，爆香，倒入汆过水的墨鱼块。

6 炒匀，放入适量沙茶酱，炒匀，倒入柴鱼汤。

7 倒入胡萝卜片，拌匀，放红椒圈拌匀，煮至沸。

8 撇去浮沫，用水淀粉勾芡。

9 加入适量生抽调味，制成汤料，待用。

10 取一个汤碗，放入煮熟的面条，盛入锅中的汤料，放入黄瓜片即成。

鱼丸挂面

难度：★☆☆☆☆ | 时间：6分钟 | 口味：咸

原料 挂面100克，生菜20克，鱼丸55克，鸡蛋40克，葱花少许

调料 盐2克，鸡粉、胡椒粉、食用油各适量

 做法

1 洗净的生菜切碎。

2 鸡蛋打入碗中，打散调匀，制成蛋液。

3 热锅注油，倒入蛋液，快速搅拌，用中小火炸约1分钟，制成蛋酥，捞出。

4 锅底留油烧热，倒入清水烧开，放入挂面煮至软，倒入鱼丸。

5 加入少许盐、鸡粉调味，煮约1分钟，撒上少许胡椒粉，放入生菜。

6 倒入鸡蛋液，拌匀，煮至食材熟透盛碗即可。

烹饪技巧：可用牙签在鱼丸上面戳几个洞，这样能更易入味。

海鲜面片

难度：★☆☆☆☆	时间：7分钟	口味：咸

原料 花甲500克，虾仁70克，馄饨皮300克，西葫芦200克，丝瓜80克，香菜少许

调料 盐、鸡粉、胡椒粉各2克

做法

1　洗好的西葫芦切厚片，再切成条。

2　洗净去皮的丝瓜切段，再切厚片，改切成条。

3　洗好的虾仁由背部划开，挑去虾线。

4　锅中注入适量清水煮沸，放入洗好的花甲，略煮一会儿，去除污物。

5　捞出氽煮好的花甲，待放凉后取出花甲肉，装盘待用。

6　另起锅，注入适量清水烧热，放入备好的花甲肉、虾仁、西葫芦、丝瓜。

7　加入盐、鸡粉、胡椒粉，搅拌均匀。

8　放入馄饨皮，拌匀，煮约5分钟至食材熟软。

9　关火后盛出煮好的食材，装碗中，点缀上香菜叶即可。

① ② ③ ④ ⑥ ⑦

西蓝花炒面

| 难度：★☆☆☆☆ | 时间：8分钟 | 口味：咸 |

| 原料 | 面条100克，西蓝花50克，豆芽40克，蒜苗20克，红椒1个 |

| 调料 | 盐3克，鸡精2克，生抽5毫升 |

烹饪技巧： 焯煮西蓝花时适当放些醋，这样可使西蓝花的颜色保持翠绿。

 做法

1 将豆芽洗净；蒜苗洗净，切段；红椒洗净，切丝。

2 西蓝花洗净，切成小朵，入沸水锅中焯水至七成熟，捞出沥干，备用。

3 面条放入沸水锅中煮5分钟，捞出沥干。

4 炒锅油烧热，倒入豆芽、西蓝花翻炒片刻。

5 倒入面条翻炒2分钟，放入蒜苗段和红椒丝炒匀。

6 最后加生抽、盐和鸡精调味即可。

辣白菜炒面

难度：★☆☆☆☆	时间：5分钟	口味：咸

 原料 面条80克，包菜50克，胡萝卜20克，辣白菜30克

调料 盐、鸡精各2克，食用油少许

烹饪技巧：在炒面条时，先将面条炒软，再加调味料，可避免面条粘锅。

做法

1 包菜洗净，切块；胡萝卜洗净，切丝。

2 锅中注入清水煮沸，下入面条煮熟，捞出，沥干水分，备用。

3 另起锅，注入适量食用油烧热，倒入胡萝卜丝、包菜翻炒片刻。

4 再倒入面条和辣白菜，翻炒2分钟。

5 最后加盐和鸡精调味即可。

洋葱炒面

原料 方便面100克，洋葱、红椒、葱各少许

调料 盐、鸡精、食用油各适量

烹饪技巧： 切洋葱时，在刀上抹一些食用油，可避免流眼泪。

 做法

1 洋葱洗净，切小块；红椒洗净，切块；葱洗净，切段。

2 锅中注入适量清水煮沸，加盐和鸡精拌匀。

3 放入方便面煮5分钟，熟后捞出，沥干水分，备用。

4 另起锅，注入适量食用油烧热，倒入洋葱、红椒炒香。

5 倒入方便面，加盐和鸡精调味，最后撒上葱段即可。

三鲜炒面

| 难度：★☆☆☆☆ | 时间：6分钟 | 口味：咸 |

原料 鸡蛋挂面150克，去皮胡萝卜90克，香菇2个，葱花少许

调料 盐、鸡粉各2克，生抽、老抽各5毫升，食用油适量

做法

1 洗净的胡萝卜切片，改切成丝。

2 洗好的香菇切粗条。

3 锅中注入适量清水烧开，放入鸡蛋面，煮至熟软。

4 关火后捞出煮好的鸡蛋面，沥干水分，装盘待用。

5 用油起锅，倒入胡萝卜丝、香菇条，炒香。

6 放入鸡蛋面，炒匀。

7 加入生抽、老抽、盐、鸡粉。

8 翻炒约2分钟至入味。

9 倒入葱花，炒匀。

10 关火后盛出炒好的面条，装入盘中即可。

蚝油菇蔬炒面

难度：★☆☆☆☆	时间：4分钟	口味：咸

原料 挂面200克，杏鲍菇80克，上海青50克，葱段少许

调料 盐2克，鸡粉2克，生抽5毫升，蚝油5克，食用油适量

做法

1　将洗净的杏鲍菇切段，切片，切丝。

2　洗净的上海青切瓣。

3　用油起锅，倒入杏鲍菇，炒至熟软。

4　倒入葱段，炒香。

5　放入上海青，炒至熟软。

6　放入蚝油，炒匀。

7　倒入挂面，炒匀。

8　放入生抽、盐、鸡粉，炒匀调味。

9　盛出少许面条装盘，夹出上海青围边。

10　再盛出剩余的面条即可。

①　②　③
④　⑤　⑦

懒人咖喱炒面

| 难度：★☆☆☆☆ | 时间：3分钟 | 口味：咸 |

| 原料 | 鸡蛋挂面100克，西芹40克，火腿85克，胡萝卜70克 |
| 调料 | 咖喱粉15克，盐2克，鸡粉3克，食用油适量 |

做法

1 将洗净去皮的胡萝卜切片，切丝。

2 洗净的西芹切条，切段。

3 火腿切丝。

4 锅中注入适量清水烧开，放入鸡蛋面，搅散开，煮至熟软。

5 把煮好的鸡蛋面捞出，沥干水分。

6 用油起锅，放入胡萝卜、西芹、火腿，炒香。

7 放入咖喱粉，炒匀。

8 倒入少许清水，放入鸡蛋面，炒匀。

9 放入盐、鸡粉，炒匀调味。

10 把炒好的面条盛出装盘即可。

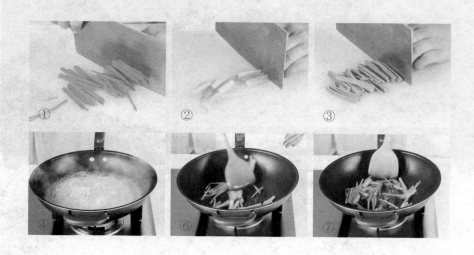

① ② ③ ④ ⑥ ⑦

烹饪技巧：煮面条要用大火，尽快将面条煮熟，以免面条断开、粘黏。

炒乌冬面

| 难度：★☆☆☆☆ | 时间：5分钟 | 口味：咸 |

原料 乌冬面200克，火腿肠45克，韭菜45克，鱼板60克，鲜玉米粒40克

调料 盐、鸡粉各2克，蚝油5克，生抽3毫升，食用油适量

🥣 做法

1 将鱼板切片；洗净的韭菜切段。

2 火腿肠去外包装，切片，切段。

3 锅中注入适量清水烧开。

4 倒入乌冬面，煮沸，捞出，沥干水分。

5 用油起锅，放入玉米粒略炒。

6 倒入鱼板，炒匀，加入火腿肠、乌冬面，炒匀。

7 放入蚝油、生抽、盐、鸡粉，炒匀，放入韭菜，炒至熟软，盛出装盘即可。

①　②　④

⑤　⑥　⑦

103

南炒面

| 难度：★★★☆☆ | 时间：10分钟 | 口味：咸 |

| 原料 | 面条300克，青椒、红椒、洋葱各25克，猪里脊肉50克，蒜适量 |

| 调料 | 盐3克，料酒、生抽、食用油各适量 |

烹饪技巧： 焖煮面条宜用中火，以免将面条煮糊。

 做法

1 青椒洗净切丝；红椒洗净切丝；洋葱洗净切丝；蒜洗净切末。

2 猪里脊肉洗净切丝，装碗，加入1克盐、生抽、料酒，拌匀，腌渍至入味。

3 锅中注油烧至七成热，下入面条炸至成金黄色时捞出，即成南炒面坯料；将坯料蘸一下水，入蒸笼略蒸至变软，取出。

4 炒锅注油烧热，爆香蒜末，放入青椒、红椒、洋葱炒匀，加入猪里脊肉炒至变色，倒入面条翻炒匀，调入2克盐、生抽，盛出即可。

胡萝卜芹菜肉丝炒面

| 难度：★☆☆☆☆ | 时间：3分钟 | 口味：咸 |

原料 胡萝卜90克，芹菜50克，洋葱60克，蒜苗30克，挂面180克，瘦肉40克

调料 盐2克，鸡粉2克，料酒5毫升，老抽3毫升，生抽10毫升，水淀粉4毫升，白胡椒粉、食用油各适量

烹饪技巧： 肉丝可以多腌渍片刻，口感会更鲜嫩。

 做法

1 处理好的洋葱对半切开，切成丝。

2 去皮洗净的胡萝卜切片，再切丝。

3 摘洗好的芹菜、蒜苗切段，洗净的瘦肉切丝。

4 肉丝装碗，加盐、白胡椒粉、料酒、生抽、水淀粉、食用油，腌渍10分钟。

5 热锅注油烧热，倒入肉丝，翻炒至转色。

6 倒入胡萝卜、芹菜、洋葱，放入熟挂面，快速翻炒匀。

7 淋入生抽、老抽，快速翻炒上色。

8 倒入蒜苗段，加入盐、鸡粉，翻炒入味。

9 关火，将炒好的面盛出，装入盘中即可。

菠菜肉丝炒面条

| 难度：★☆☆☆☆ | 时间：8分钟 | 口味：咸 |

原料 菠菜90克，挂面200克，肉丝80克，葱段、蒜末各少许

调料 盐、鸡粉各6克，生抽10毫升，料酒、水淀粉各5毫升，老抽3毫升，食用油适量

烹饪技巧： 可先将菠菜放入开水中焯一下，既可除去草酸，也利于人体吸收菠菜中的营养。

 做法

1 洗净的菠菜切段。

2 往肉丝中加入适量盐、鸡粉，放入料酒、适量生抽，淋入水淀粉拌匀，腌渍10分钟。

3 热锅注油烧热，倒入肉丝，炒至稍微转色。

4 倒入葱段、蒜末，炒香。

5 倒入面条、菠菜，炒匀。

6 加入生抽、老抽，撒上盐、鸡粉，注入适量清水。

7 充分炒匀入味，关火后将炒好的面条盛入盘中即可。

徽式炒面

难度：★☆☆☆☆	时间：6分钟	口味：咸

原料 香菇60克，熟挂面200克，瘦肉100克，黄瓜50克

调料 生抽5毫升，盐2克，鸡粉2克，食用油适量

 做法

1 洗净的香菇去柄，切成片，待用。

2 洗净的黄瓜去籽切片再切丝。

3 瘦肉洗净后切成丝，放入碗中，加少许盐、鸡粉和食用油腌渍一下。

4 热锅注油，倒入香菇炒软。

5 加入肉丝，炒匀后倒入黄瓜，翻炒片刻。

6 倒入煮熟的挂面，翻炒片刻。

7 加入生抽、盐、鸡粉，翻炒调味。

8 关火，将炒好的面盛出，装入盘中即可。

瘦肉炒面

原料 面条120克，瘦肉80克，包菜、红椒各适量

调料 盐3克，鸡精2克，生抽、水淀粉各5毫升，食用油少许

烹饪技巧： 瘦肉腌渍5~7分钟即可。

 做法

1 将瘦肉洗净，切片，装入小碗中，用少许盐、生抽和水淀粉拌匀腌渍片刻，备用。

2 包菜洗净，切丝；红椒洗净，切丝。

3 锅中注入适量清水煮沸，下入面条煮至七成熟，捞出过凉水，沥干，备用。

4 另起炒锅，注入适量食用油烧热，倒入瘦肉翻炒至七成熟。

5 再倒入面条炒匀，加入包菜和红椒丝炒熟。

6 最后加盐、鸡精，淋入生抽，炒匀调味即可出锅。

香肠炒面

烹饪技巧：炒面不要炒得太干，否则影响口感。

难度：★☆☆☆☆	时间：6分钟	口味：咸

原料　挂面280克，火腿肠35克，上海青50克，木耳30克，豆芽25克

调料　食用油少许，鸡精3克，辣椒面4克，胡椒面3克，生抽、醋各适量

 做法

1　锅中注入适量清水烧开，将挂面放入锅中。

2　煮3分钟左右至面条熟软，捞出放入凉水中待用。

3　火腿肠撕去包装，切成细条。

4　木耳洗净切小朵，上海青洗净切段。

5　热锅倒油，放入木耳、上海青和豆芽，翻炒均匀。

6　加入鸡粉、辣椒面和胡椒面炒匀。

7　加入冷却好的挂面炒匀。

8　淋入少许生抽调色，倒适量醋炒匀，盛盘即可。

牛肉炒面

| 难度：★☆☆☆☆ | 时间：10分钟 | 口味：咸 |

| 原料 | 面条120克，牛肉50克，包菜30克，蒜苗适量 |
| 调料 | 盐3克，鸡精2克，生抽少许，食用油适量 |

烹饪技巧： 牛肉丁切得小一些，这样会更易入味。

 做法

1 将牛肉洗净，切片，用少许盐和生抽腌渍片刻；包菜洗净，切片；蒜苗洗净，切段。

2 锅中注入适量清水煮沸，倒入面条煮至七成熟后捞出，放入冷水中过水，捞出沥干，备用。

3 另起炒锅，注入适量食用油烧热，倒入蒜苗炒香，再倒入牛肉炒至八成熟。

4 倒入煮好的面条翻炒2分钟，再倒入包菜翻炒。

5 加入少许生抽、盐和鸡精调味即可。

山西家常炒面

| 难度：★☆☆☆☆ | 时间：5分钟 | 口味：咸 |

原料 　熟拉面200克，鲜香菇3朵，蛋皮55克，胡萝卜丝45克，里脊肉100克，香菜、葱花、蒜末各少许

调料 　盐2克，鸡粉3克，料酒8毫升，生抽3毫升，老抽2毫升，陈醋5毫升，水淀粉8毫升，胡椒粉少许，食用油适量

烹饪技巧：面条已煮熟，先将其他食材炒好后再加入炒匀，以免面条粘锅。

 做法

1　将蛋皮卷好切丝；香菇切条；里脊肉切片，再切成丝。

2　把肉丝装入碗中，加入少许盐、鸡粉、料酒、生抽、胡椒粉、水淀粉，拌匀。

3　再加入少许食用油，搅拌均匀，腌渍10分钟。

4　用油起锅，倒入肉丝翻炒至转色。

5　放入蒜末，炒香。

6　加入胡萝卜丝、香菇，炒匀，放入面条。

7　放入适量生抽、老抽、盐、鸡粉，炒匀调味。

8　倒入蛋皮、葱花，炒香。

9　加入陈醋，放入香菜，炒匀。

10　将炒好的面条盛出装盘即可。

111

西洋菜虾仁炒面

难度: ★☆☆☆☆	时间: 4分钟	口味: 咸

原料 熟面140克，西洋菜90克，虾仁40克，葱段少许

调料 老抽3毫升，生抽2毫升，黑胡椒粉、盐、鸡粉各2克，食用油适量

做法

1 洗好的虾仁去线。

2 热锅注油烧热，倒入葱段，爆香。

3 倒入备好的西洋菜。

4 倒入虾仁。

5 倒入熟面，炒匀。

6 淋入适量生抽、老抽，炒上色。

7 加入黑胡椒粉、盐、鸡粉，炒片刻至入味，关火盛入盘中即可。

① ② ③ ⑤ ⑥ ⑦

蒜蓉鲜虾炒面

难度：★☆☆☆☆	时间：4分钟	口味：咸

原料 熟挂面140克，虾仁60克，蒜蓉20克，生菜80克

调料 盐、鸡粉各1克，老抽3毫升

做法

1 洗净的生菜切丝。

2 沸水锅中倒入处理干净的虾仁。

3 汆煮一会儿至转色，捞出沥干，装盘待用。

4 热锅注油，倒入蒜蓉，爆香。

5 放入汆好的虾仁，加入生菜丝。

6 倒入面条，翻炒约1分钟至熟软。

7 加入老抽、盐、鸡粉。

8 炒约1分钟至熟软入味。

9 关火后盛出炒面，装盘即可。

烹饪技巧：虾中的虾线有很多脏污，要事先清除。

PART 3

喧香味好的包类

　　馒头、包子、花卷等是极具营养的面类食品，多作为早餐食用。本章就为大家详细地介绍这类食品的制作方法，让大家在吸收了丰富的营养之外，也能从制作的过程中得到生活里所蕴含的乐趣。下面就请大家鼓足干劲，随着本章中的具体案例，试着动手做出健康、可口、美观的食品吧！

南瓜馒头

难度：★☆☆☆☆	时间：73分钟	口味：淡

原料 熟南瓜200克，低筋面粉500克，白糖50克，酵母5克

调料 食用油适量

做法

1 将面粉、酵母倒在案板上，混合匀，用刮板开窝。

2 放入备好的白糖，倒入熟南瓜。

3 搅拌均匀，至南瓜成泥状，再分数次加入适量清水反复揉搓，至面团光滑，制成南瓜面团。

4 把制作好的南瓜面团放入保鲜袋中，包裹好，静置约10分钟，备用。

5 取来备好的南瓜面团，取下保鲜袋，搓成长条形。

6 再切成数个剂子，即成馒头生坯。

7 取一个干净的蒸盘，刷上一层食用油，再摆放好馒头生坯。

8 蒸锅放置在灶台上，注入适量清水，再放入蒸盘。

9 盖上锅盖，静置约1小时，使生坯发酵、涨开。

10 打开火，水烧开后再用大火蒸约10分钟，至食材熟透。

11 关火后揭开盖，取出南瓜馒头。

12 放在盘中，摆好即成。

② ④ ⑤

⑦ ⑧ ⑨

烹饪技巧:制作熟南瓜前,最好将其表皮去除干净,这样拌好的南瓜面团才更纯滑。

开花馒头

| 难度：★★★★☆ | 时间：35分钟 | 口味：咸 |

原料　面粉385克，熟紫薯片80克，熟南瓜块100克，菠菜汁50毫升，酵母粉15克

🥄 做法

1. 取一个碗，倒入110克面粉，放入5克酵母粉，注入菠菜汁，搅拌均匀。

2. 将面粉倒在平板上，揉搓制成菠菜面团，放回到碗中，用保鲜膜封住，常温发酵2个小时。

3. 另取一个碗，倒入230克面粉，放入10克酵母粉，注入清水，搅拌片刻。

4. 将面粉倒在平板上，揉搓制成面团，放回到碗中，用保鲜膜封住，常温发酵2个小时。

5. 把南瓜、紫薯分别装入保鲜袋内压成泥，倒入盘中，待用。

6. 取一半面团放在平板上，撒上面粉，放入紫薯泥，制成紫薯面团；另一半制成南瓜面团。

7. 再将菠菜面团取出放在平板上，撒上面粉，将菠菜面团揉成长条，分成四个大小均等的剂子，压扁，擀成面皮。

8. 在南瓜面团、紫薯面团分别撒上面粉，揉成长条，分成四个大小均等的剂子，压扁，擀成面皮。

9. 将菠菜面皮卷成一团，用南瓜面皮将其包住，再将紫薯面皮包在最外层，将口捏紧，在光滑的顶部切十字花刀。在盘中撒上面粉，放入馒头，放入电蒸锅中，定时15分钟即可。

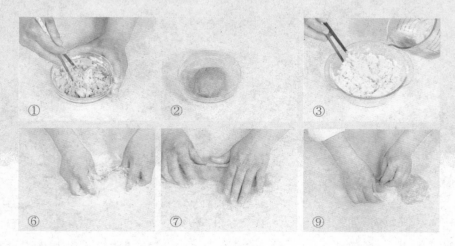

① ② ③

⑥ ⑦ ⑨

烹饪技巧：菠菜面团中可加入少许白糖，口感会更好。

121

双色馒头

| 难度：★★☆☆☆ | 时间：74分钟 | 口味：淡 |

原料 低筋面粉630克，全麦粉120克，白糖150克，泡打粉13克，酵母7.5克，猪油40克

 做法

1 取面粉、酵母，倒在案板上，混合均匀，用刮板开窝，加入白糖。

2 再分数次倒入清水，揉搓一会儿，至白色面团纯滑。

3 将白色面团放入保鲜袋中，包紧、裹严实，静置约10分钟，备用。

4 再取余下的面粉和酵母，倒在案板上，混合匀。

5 用刮板开窝，加入白糖，倒入熟南瓜。

6 搅拌至南瓜成泥状，再分次加入清水，反复揉搓至面团光滑，制成南瓜面团。

7 把南瓜面团放入保鲜袋中，包裹好，静置约10分钟，备用。

8 取白色和南瓜面团，擀平、擀匀。

9 把南瓜面团叠在白色面团上，放整齐，再压紧，揉搓成面卷。

10 将面卷切成数个均等大小的剂子，即成馒头生坯，待用。蒸盘刷一层食用油，再摆放好馒头生坯。

11 蒸锅置于灶台上，注入清水，再放入蒸盘。静置约1小时，使生坯发酵、涨开。

12 打开火，水烧开后再用大火蒸约10分钟，至食材熟透即成。

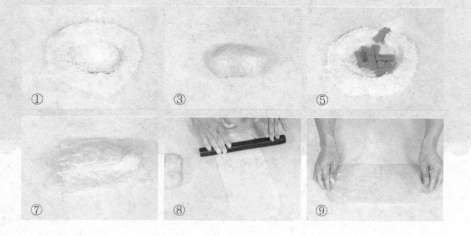

① ③ ⑤

⑦ ⑧ ⑨

豆浆猪猪包

| 难度：★★★☆☆ | 时间：30分钟 | 口味：淡 |

原料　面粉245克，豆浆80毫升，红曲粉3克，酵母粉5克

烹饪技巧： 将发酵的面团放置在温暖的地方，可缩短发酵时间。

 做法

1 取一个碗，倒入面粉，加入酵母粉。

2 一边倒入豆浆一边搅拌均匀。

3 将面粉倒在平板上，揉搓成面团。

4 再将面团装入碗中，用保鲜膜封住碗口。

5 将面团放常温处静置，饧15分钟。

6 撕去保鲜膜，将面团取出。

7 撒上适量的面粉，将面团充分揉匀。

8 取面团，加入红曲粉，揉搓成红面团。

9 将剩下的面团分成两个，做成两个猪身子。

10 取适量的红面团，捏制成猪眼睛、猪鼻子、猪耳朵。

11 将鼻子、眼睛、耳朵安在猪身上。

12 往盘子中撒上适量面粉，将猪猪包的生坯装入盘中。

13 电蒸锅注水烧开，放入猪猪包生坯。

14 盖上盖，调转旋钮定时15分钟至蒸熟即可。

牛奶馒头

难度：★★★☆☆	时间：70分钟	口味：甜

 原料 面粉300克，酵母粉5克，白糖5克，发粉5克

调料 醋5毫升，食用油5毫升，牛奶50毫升

烹饪技巧： 面粉和水的比例为2：1时，发好的面团软硬适中，口感也很好。

🥣 做法

1 用温开水将白糖化开，再加入酵母粉搅拌均匀，并倒进面粉中，放入发粉、醋、食用油及牛奶，充分搓揉成面团。

2 将面团放置一旁，发酵50分钟备用。

3 将发酵好的面团用擀面棍擀平，并卷成长条，再用刀切成大小相同的块状。

4 将切好的面团块放入蒸笼内蒸15分钟即可食用。

香煎馒头片

| 难度：★★★☆☆ | 时间：40 分钟 | 口味：甜 |

| 原料 | 馒头210克，鸡蛋2个 |
| 调料 | 炼乳10克，食用油适量 |

做法

1 熟馒头切成长方形大小的馒头片。

2 将鸡蛋打入碗中，搅散。

3 把馒头片放在蛋液中，均匀地裹上蛋液。

4 用油起锅，放入裹好蛋液的馒头片。

5 煎炸约 2 分钟至两面金黄色。

6 关火，将煎炸好的馒头片盛出，装入盘中，旁边放上炼乳即可。

①　②　③

⑤　⑥

玉米包

| 难度：★★★☆☆ | 时间：30分钟 | 口味：甜 |

原料 玉米面70克，面粉95克，玉米粒70克，牛奶40毫升，白糖30克，玉米叶20克，泡打粉30克，酵母粉20克

调料 食用油少许

 做法

1. 取一个碗，倒入 90 克面粉，加入玉米面、泡打粉。

2. 再加入酵母粉、白糖、牛奶，搅拌均匀，加入少许食用油，搅拌均匀。

3. 将拌匀的面粉倒在案台上，揉搓片刻，制成面团。

4. 将面团装入碗中，用保鲜膜封住碗口，在常温下将面团发酵 2 个小时。

5. 撕开保鲜膜，将面团取出。

6. 手上沾上少许面粉，将面团揉成条，分成两份。

7. 再用擀面杖将面团擀成面皮。

8. 放入适量的玉米粒，将面皮卷成卷，包好。

9. 制成玉米状，用刀在表面划上网格花刀。

10. 往盘中撒上适量面粉，放入玉米包生坯。

11. 电蒸锅注水烧开，放入玉米包生坯。

12. 盖上锅盖，蒸 15 分钟至熟。

13. 掀开锅盖，将玉米包取出即可。

14. 用玉米叶贴在玉米包上，制成玉米即成。

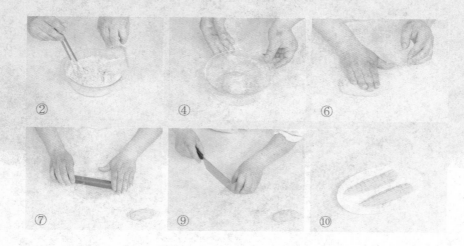

② ④ ⑥
⑦ ⑨ ⑩

烹饪技巧：玉米面较黏，揉面时手上可多粘一些面粉，会更方便揉搓。

玫瑰包

难度：★☆☆☆☆ 　时间：12分钟　 口味：甜

| 原料 | 低筋面粉500克，酵母5克，莲蓉80克，蛋清适量 |
| 调料 | 白糖50克 |

做法

1 将面粉、酵母倒在案板上，混合均匀。

2 用刮板开窝，加入白糖。

3 倒入适量清水，与面粉混合均匀。

4 再倒入少许清水。

5 拌匀，揉搓成面团。

6 继续揉搓，揉搓至面团纯滑，制成白色面团。

7 将面团放入保鲜袋中，包紧、裹严实，静置约10分钟，备用。

8 取适量面团，搓成长条，分成两份，分别搓成细长面条。

9 用刮刀把面条切成大小一致的剂子。

10 把剂子压扁，擀成薄面皮。

11 取适量莲蓉，搓成圆锥状。

12 在面皮上抹少许蛋清，放入莲蓉，包裹好。

13 再一层层裹上面皮。

14 重复操作数次，裹成玫瑰花形状，制成玫瑰包生坯。

15 将蒸盘刷上一层食用油，放上玫瑰包生坯。

16 盖上盖，发酵1小时，开火，用大火蒸约10分钟，至玫瑰包熟透即可。

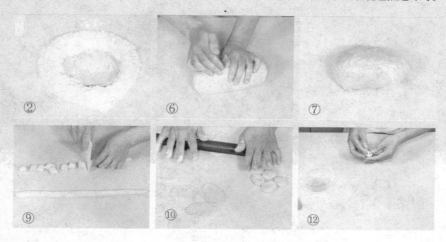

② ⑥ ⑦
⑨ ⑩ ⑫

寿桃包

| 难度：★★★☆☆ | 时间：72分钟 | 口味：甜 |

原料	低筋面粉500克，酵母5克，白糖50克，莲蓉100克，食用色素少许
调料	白糖适量

 做法

1 将面粉、酵母倒在案板上，混合均匀。

2 用刮板开窝，加入白糖，倒入适量清水，与面粉混合均匀。

3 再倒入少许清水，拌匀，揉搓成面团。

4 揉搓至面团纯滑，制成白色面团。

5 将面团放入保鲜袋中，包紧、裹严实，静置约10分钟，备用。

6 取适量面团，搓成均匀的长条。

7 摘数个剂子，压扁，擀成面皮。

8 将面皮卷起，对折，压成小面团。

9 把面团擀成中间厚四周薄的面饼。

10 将莲蓉搓成长条，摘数个莲蓉剂子，放入面饼中，收口、捏紧，搓成球状。

11 把面球搓成桃子的形状，制成寿桃包生坯。

12 将蒸盘刷上一层食用油，放入寿桃包生坯。

13 盖上盖，发酵1小时，开火，蒸约10分钟，至寿桃包生坯熟透。

14 关火后取出蒸熟的寿桃包，在中间压上一道凹痕。

15 撒上少许粉红食用色素即可。

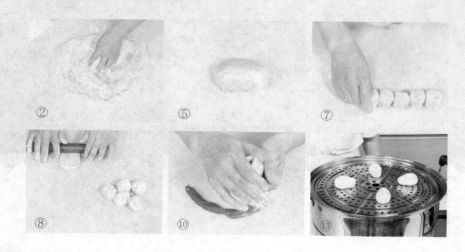

② ⑤ ⑦

⑧ ⑩ ⑬

烹饪技巧： 蒸寿桃包时应用大火，这样蒸出来的寿桃形状更饱满。

133

刺猬包

| 难度：★★★☆☆ | 时间：70分钟 | 口味：甜 |

原料　低筋面粉500克，酵母5克，莲蓉100克，黑芝麻少许

调料　白糖50克，食用油少许

 做法

1　将面粉、酵母倒在案板上，混合均匀。

2　用刮板开窝，加入白糖，倒入适量清水，与面粉混合均匀。

3　再倒入少许清水，拌匀，揉搓成面团。

4　揉搓至面团纯滑，制成白色面团。

5　将面团放入保鲜袋中，包紧、裹严实，静置约10分钟，备用。

6　取面团，搓成长条，摘数个剂子。

7　把剂子压扁，擀成面皮，将面皮卷起，对折，压成小面团。

8　把面团擀成中间厚四周薄的面饼。

9　将莲蓉搓成长条，摘数个莲蓉剂子，放入面饼中。

10　收口捏紧，搓成球状，把面球搓成锥子形状，制成生坯。

11　在蒸盘刷上一层食用油，放入锥子状生坯，放入锅中，发酵40分钟。

12　把发酵好的锥子状生坯取出，用小剪刀在其背部剪出小刺，做成刺猬包生坯。

13　将黑芝麻点在刺猬包生坯上，制成眼睛。

14　再把生坯放入蒸锅中，发酵20分钟，再用大火蒸约10分钟即可。

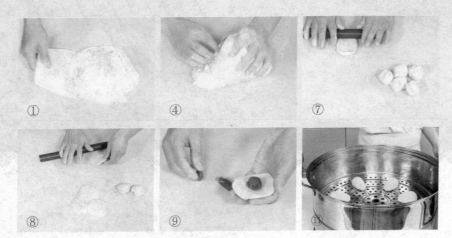

①　④　⑦

⑧　⑨　⑪

烹饪技巧：面皮要稍微擀得厚一些，这样在剪刺的时候才不至于将馅料露出来。

135

花生白糖包

难度：★★★☆☆　　时间：74分钟　　口味：甜

原料　低筋面粉500克，酵母5克，花生末65克，花生酱20克

调料　白糖65克，食用油适量

做法

1　把面粉、酵母倒在案板上，混合均匀。

2　用刮板开窝，加入50克白糖。

3　再分数次倒入少许清水。

4　揉搓一会，至面团纯滑。

5　将面团放入保鲜袋中，包紧、裹严实，静置约10分钟，备用。

6　把花生末装入碗中，加入15克白糖，放入备好的花生酱，调匀，制成馅料，待用。

7　取适量面团，搓成长条形，摘数个剂子，待用。

8　在案板上撒少许面粉，放上剂子压扁，再擀成中间厚、四周薄的面皮。

9　再取来适量馅料，逐一放入面皮中。

10　捏紧、收好口，制成花生包生坯。

11　在备好的蒸盘上刷一层食用油。

12　蒸锅放置在灶台上，放上蒸盘，放上花生包生坯。

13　盖上盖子，静置约1小时，至花生包生坯发酵、涨开。

14　打开火，水烧开后再用大火蒸约10分钟，至花生包熟透即成。

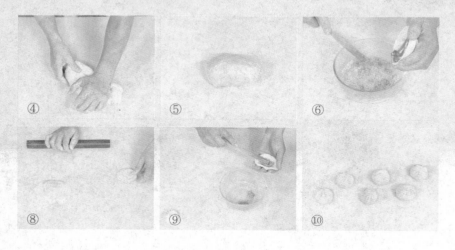

④　⑤　⑥
⑧　⑨　⑩

豆沙包

| 难度：★★☆☆☆ | 时间：42分钟 | 口味：甜 |

原料 面粉500克，豆沙150克，酵母5克，泡打粉5克，猪油20克

调料 白糖20克

做法

1 把泡打粉撒入面粉中，用刮刀开窝，加入白糖。酵母加少许清水、面粉，拌匀。

2 将清水倒入窝中，加入拌好的酵母，用手搅匀。

3 刮入面粉，搅拌匀，使窝中的水与面粉黏合。

4 加入清水，然后刮入没有被和匀的面粉，搅拌，揉搓。

5 继续加水，揉搓面团至光滑。

6 加入猪油，揉搓均匀，至面团完全光滑。

7 用擀面杖把面团擀成面片。

8 把面片对折，再擀平。

9 将面片卷起来，揉成均匀的长条。

10 摘成数个大小相同的小剂子。

11 把剂子擀平，卷起，压成小面团。

12 将小面团擀成面饼。

13 取豆沙，放入面饼中，收口捏紧，制成豆沙包生坯，再粘上一片油纸。

14 把豆沙包生坯放入蒸盘中，放入水温为30℃的蒸锅里，发酵30分钟，待包子发酵好，大火蒸8分钟即可。

② ④ ⑤

⑨ ⑩ ⑬

烹饪技巧：压平面团时可以稍微压薄一些，这样能放入更多的豆沙，口感会更佳。

139

石头门坎素包

| 难度：★★★☆☆ | 时间：30分钟 | 口味：鲜 |

原料　包菜63克，木耳34克，香菇35克，黄花菜40克，姜末7克，酵母3克，面粉200克，去皮胡萝卜55克，腐乳15克

调料　盐3克，鸡粉3克，生抽3毫升，食用油适量

做法

1　在备好的碗中放入150克面粉，加入酵母、适量清水，搅拌均匀，和成面团。

2　将和好的面团封上保鲜膜，发酵2小时，待用。

3　洗净的胡萝卜、包菜、木耳、香菇、黄花菜分别切成丝，待用。

4　热锅注油烧热，放入姜末、香菇，炒出香味。

5　加入黄花菜、木耳、胡萝卜、腐乳，翻炒入味。

6　放入盐、鸡粉，倒入生抽，翻炒均匀。

7　将食材盛出，装入备用的碗中。

8　再放上包菜丝，搅拌均匀，待用。

9　撕开保鲜膜，取出面团。

10　在案板上撒上适量面粉，将面团揉匀，揉成长条状。

11　再揪成小剂子，按压成饼状，再擀成面皮。

12　取适量馅料放入面皮中，包成包子。

13　在备好的盘子上刷上一层油，放入包子。

14　电蒸锅注水烧开，放上包子，蒸10分钟即可。

①　③　⑤
⑧　⑪　⑫

烹饪技巧：面团要揉至表面光滑，并且要饧透。

白菜香菇素包子

| 难度：★★★☆☆ | 时间：160分钟 | 口味：鲜 |

原料 面粉300克，酵母粉20克，白菜185克，香菇70克，葱花、姜末各少许

调料 盐3克，鸡粉2克，芝麻油3毫升，五香粉、食用油各适量

 做法

1　白菜切碎，香菇切成丁。

2　将白菜碎装入碗中，撒入适量盐，拌匀，腌渍10分钟。

3　将腌渍好的白菜碎挤去水分。

4　取一个碗，加入白菜碎、香菇丁、盐、鸡粉。

5　再放入芝麻油、五香粉、葱花、姜末，搅拌匀，制成馅料。

6　取一个碗，放入适量面粉，加入酵母粉，注入适量的清水，揉制成面团。

7　将面团放入碗中，用保鲜膜包住碗口，静置发酵2个小时。

8　往案板上撒上适量的面粉。

9　将揉好的面团揉搓成粗条，再切成剂子，擀成包子皮。

10　取适量馅料放在包子皮上，用手窝成一团。

11　将中间捏出一个个褶子将馅包住，制成包子。

12　取一个盘子，抹上食用油。

13　电蒸锅注水烧开，放入包子，用电蒸锅里的热气将包子发酵约15分钟。

14　电蒸锅通上电，定时15分钟将包子蒸熟即可。

①　②　④

⑥　⑨　⑩

香菇青菜包子

| 难度：★★☆☆☆ | 时间：23分钟 | 口味：淡 |

原料　面粉450克，上海青300克，干香菇30克，鸡蛋80克

调料　盐2克，芝麻油3毫升，胡椒粉3克，生抽15毫升，米酒10毫升

烹饪技巧： 上海青不要挤得太干，以免影响口感。

 做法

1　上海青切碎装入碗中，加入盐揉搓腌渍20分钟，挤去多余的水分。

2　香菇切碎；鸡蛋搅拌成蛋液。

3　热锅注油烧热，倒入蛋液，翻炒至凝固，盛出后切碎。

4　锅底留油，倒入香菇，翻炒爆香，淋入清水，加入生抽、米酒，翻炒匀。

5　待汁收干，盛出装入碗中放凉，再放入鸡蛋、上海青，淋入芝麻油。

6　面粉倒入碗中，注入清水，揉成光滑的面团。将面团搓成粗条，切成大小均匀的剂子，在案板上撒上面粉，擀成包子皮。

7　取馅料放入面皮中央，由一处开始先捏出一个褶子，然后继续朝一个方向捏褶子。直至将面皮边缘捏完，收口，成包子生胚。生胚用湿纱布盖起来，再静置约20分钟进行第二次饧发。

8　蒸锅内放入水，在蒸屉上刷一层薄油或垫上屉布，放入饧发好的生胚，盖严锅盖，大火蒸约18分钟后关火，等约3分钟后再打开锅盖，取出即可。

腌菜豆干包子

| 难度：★★☆☆☆ | 时间：26分钟 | 口味：鲜 |

原料 中筋面粉950克，小麦胚芽50克，酵母6克，腌菜200克，豆干100克，葱、姜各适量

调料 生抽、料酒、五香粉、盐、芝麻油各适量

烹饪技巧： 腌菜是腌制品，口感较咸，口味淡的可以放在水中浸泡片刻。

 做法

1 面粉加小麦胚芽、酵母、水，和成光滑的面团，放温暖处发酵至2倍大。

2 腌菜、豆干剁碎，加少量水、生抽、料酒搅拌，加五香粉、盐、葱、姜、芝麻油拌匀。

3 发好的面取出揉匀，分成小剂子。

4 取一个面剂子擀扁，放入馅料，包成包子。

5 蒸锅中加水，将包子放入，将水加热至60℃关火，使包子二次发酵。

6 发好后开火，大火烧开后转中小火，20分钟后关火，3分钟后再打开锅盖取出。

地软包子

| 难度：★★☆☆☆ | 时间：15分钟 | 口味：鲜 |

原料　韭菜、胡萝卜各50克，油豆腐30克，地皮菜、虾米各10克，鸡蛋110克，面粉200克，酵母3克

调料　盐3克

烹饪技巧： 朝着一个方向搅拌馅料，会使内馅比较有嚼劲。

 做法

1　取一碗放入地皮菜，注入适量清水浸泡5分钟，捞出沥干。

2　备好一个碗，放入面粉、酵母，注入适量清水，沿一个方向搅拌均匀。

3　将搅拌好的面糊放在案板上，揉压成面团，放入碗中，封上湿纱布，饧面120分钟。

4　洗净的韭菜、油豆腐、胡萝卜分别切成碎，将鸡蛋磕入碗中，搅拌成蛋液。

5　热锅注油烧热，放入鸡蛋液，炒至蛋成凝固状，盛出。

6　热锅注油，放入鸡蛋碎、胡萝卜粒、虾米、油豆腐、地皮菜、盐，翻炒均匀。

7　将食材盛入碗中，放入韭菜碎。

8　在案台上撒面粉，取出面团，搓成长条状，分成大小均等的剂子，擀成面皮。

9　取馅料放入面皮中，折成褶子，做成包子。取出蒸屉，放入包底纸，放上包子，盖上盖，蒸12分钟至熟即可。

宝鸡豆腐包子

烹饪技巧： 豆腐可以提前焯煮一下，去除豆腥味。

难度：★★☆☆☆	时间：10分钟	口味：淡

 原料　面粉600克，酵母粉9克，豆腐450克，虾米、黄瓜各75克，蒜薹60克，小葱30克，生姜10克

调料　盐5克，鸡粉4克，黄酱35克，胡椒粉2克，碱粉1克

做法

1. 豆腐切成丁，蒜薹切成小段，小葱切葱花，黄瓜切成丁，生姜切末。

2. 往备好的碗中倒入豆腐丁、蒜薹、黄瓜、葱花、虾米、姜末，加入盐、胡椒粉、黄酱、食用油拌匀。

3. 备好一个玻璃碗，倒入小麦面粉、酵母粉，倒入适量清水，拌匀，倒在面板上搓揉片刻。

4. 往碱粉中注入清水，拌匀待用。

5. 将碱水抹在面团上，开始揉面团，中途可以撒上适量的面粉。

6. 将面团揉成长条，扯成几个剂子，撒上适量的面粉，擀成薄皮。

7. 往面皮中放上馅料，朝着中心卷。

8. 往蒸笼屉上刷上食用油，放上包子生坯。

9. 蒸煮10分钟即可。

韭菜馅包子

| 难度：★★★★☆ | 时间：35分钟 | 口味：鲜 |

原料 面粉300克，无糖椰粉60克，牛奶50毫升，酵母粉20克，韭菜90克，鸡蛋液130克

调料 盐3克，鸡粉2克，白糖50克，五香粉3克，芝麻油4毫升，食用油适量

 做法

1 洗好的韭菜切碎；鸡蛋液打散，搅拌匀。

2 取一个碗，倒入250克面粉，放入酵母粉、椰粉、白糖，拌匀。

3 缓缓倒入牛奶，边倒边搅拌。

4 倒入适量的温开水，再次搅拌匀。

5 揉成面团，用保鲜膜封住碗口，在常温下发酵2个小时。

6 热锅注油烧热，倒入蛋液，翻炒松散，盛出待用。

7 再将韭菜倒入碗中，加入盐、鸡粉。

8 倒入五香粉、芝麻油，拌匀。

9 将面团上的保鲜膜撕开，在案台上撒上适量面粉，放入面团。

10 将面团揉匀，搓成长条，揪成5个大小一致的剂子。

11 撒上适量面粉，将剂子压扁成饼状。

12 在包子皮上放入适量馅，将边上的包子皮向中间聚拢。

13 将包子边捏成一个个褶子，制成包子生坯，剩下的逐一制成生坯。

14 取蒸笼屉，放入包子生坯。

15 电蒸锅注水烧开，放上笼屉，加盖，蒸15分钟至熟即可。

① ④ ⑤
⑥ ⑦ ⑩

韭菜鸡蛋豆腐粉条包子

| 难度：★★★☆☆ | 时间：35分钟 | 口味：鲜 |

原料 面粉300克，无糖椰粉60克，牛奶50毫升，酵母粉20克，豆腐70克，韭菜100克，水发薯粉95克，鸡蛋液60克

调料 盐3克，鸡粉2克，花椒粉2克，白糖50克，食用油、生抽各适量

做法

1 豆腐切丁，薯粉切碎，韭菜切碎。

2 备好的鸡蛋液打散搅匀。

3 热锅注油烧热，倒入鸡蛋液，翻炒松散。

4 倒入豆腐丁，翻炒片刻，加入薯粉，快速翻炒匀，盛出待用。

5 炒好的食材中加入韭菜、盐、鸡粉、花椒粉、食用油、生抽，搅拌匀，制成馅料。

6 取一个碗，倒入250克面粉，放入酵母粉、椰粉、白糖，拌匀。

7 缓缓倒入牛奶，边倒边搅拌，倒入适量的温开水，再次搅拌匀。

8 揉成面团，用保鲜膜封住碗口，在常温下将面团发酵2个小时。

9 将面团揉匀，搓成长条，揪成5个大小一致的剂子。

10 撒上面粉，将剂子压扁成饼状，擀制成厚度均匀的包子皮。在包子皮上放入馅料，将包子边捏成一个个褶子。

11 取蒸笼屉，将包底纸摆放在上面，放入包子生坯。

12 电蒸锅注水烧开，放入笼屉，加盖，蒸15分钟至熟即可。

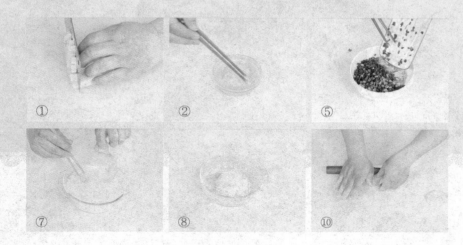

① ② ⑤

⑦ ⑧ ⑩

烹饪技巧：面团可多揉捏片刻，这样制出的包子口感会更好。

水晶包

| 难度：★★★★☆ | 时间：11分钟 | 口味：鲜 |

原料 澄粉100克，生粉60克，虾仁100克，肉末100克，水发香菇30克，胡萝卜50克，猪油5克

调料 盐4克，白糖5克，生抽5毫升，鸡粉3克，胡椒粉、芝麻油、食用油各适量

 做法

1 香菇切成粒，胡萝卜去皮切成粒。

2 虾仁装入碗中，加入盐、白糖、生粉、食用油，拌匀，腌渍20分钟，至其入味。

3 碗中倒入清水，将虾仁洗净，切成粒。

4 将肉末放入碗中，加入少许盐、生粉、生抽，拌匀至起胶。

5 倒入清水，搅匀，放入虾仁，搅拌匀。

6 加入适量鸡粉、白糖、胡椒粉、芝麻油、猪油，拌匀，制成肉馅。

7 将拌好的肉馅装入另一个碗中，放入香菇、胡萝卜，拌匀，制成馅料。

8 将适量生粉放入装有澄面的碗中。

9 加入少许盐，分次倒入清水，拌匀，至其呈糊状，倒入开水烫至凝固。

10 放入生粉，加入猪油，揉搓成面团，用保鲜膜将面团包好。

11 取面团，揉成长条，切成数个小剂子，擀成面皮。

12 取面皮，加入馅料，制成水晶包生坯，放入盘中。

13 将水晶包生坯放入蒸笼中。将蒸笼放入烧开的蒸锅中，用大火蒸8分钟至生坯熟透即可。

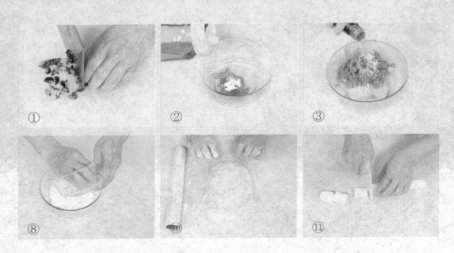

① ② ③

⑧ ⑩ ⑪

双色包

| 难度：★★★☆☆ | 时间：75分钟 | 口味：鲜 |

原料 低筋面粉1000克，酵母10克，白糖100克，熟南瓜200克，肉末120克，葱花少许

调料 盐、鸡粉各2克，白糖3克，老抽2毫升，料酒、生抽各3毫升，水淀粉、芝麻油、食用油各适量

 做法

1. 取面粉、酵母，倒在案板上，混合均匀，用刮板开窝，加入白糖。

2. 再分数次倒入清水，揉至白色面团纯滑，放入保鲜袋，静置约10分钟。

3. 再取面粉和酵母混匀，倒在案板上，用刮板开窝，加入白糖、熟南瓜。

4. 搅拌至南瓜成泥状，再分次加入清水，制成南瓜面团。把南瓜面团放入保鲜袋中，静置约10分钟。

5. 用油起锅，倒入肉末，翻至松散，加入盐、白糖、鸡粉，淋料酒、生抽、老抽，注入清水，翻炒至肉末熟透，倒入水淀粉、芝麻油，炒匀。

6. 取白色面团、南瓜面团，分别擀平。

7. 把南瓜面团叠在白色面团上，放整齐，再压紧，揉搓成面卷。

8. 取来肉末，加入葱花，制成馅料。将面卷切成数个小剂子，擀成薄片，再放入馅料包好，制成生坯，放入刷油的蒸盘中。

9. 蒸锅置于灶台上，倒入适量清水，放入蒸盘，再放入双色包生坯，摆好。

10. 盖上锅盖，静置约1小时，使生坯发酵、涨大。

11. 打开火，水烧开后再用大火蒸约10分钟，至双色包生坯熟透即可。

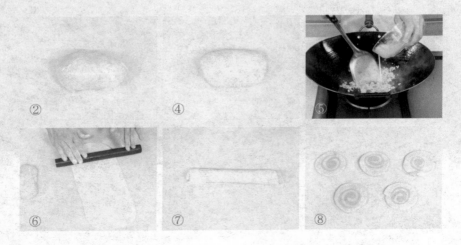

② ④ ⑤

⑥ ⑦ ⑧

烹饪技巧：剂子要擀得厚薄均匀，这样制作成的生坯才美观。

鲜虾小笼包

| 难度：★★☆☆☆ | 时间：23分钟 | 口味：鲜 |

原料 中筋面粉300克，竹笋200克，虾仁400克，芹菜100克，姜蓉适量，酵母5克

调料 生抽8毫升，料酒5毫升，米酒4毫升，芝麻油3毫升，食用油适量

做法

1 面粉倒入碗中，将酵母溶于水中，倒入面粉里。

2 将面粉揉成光滑的面团。

3 将面团搓成粗条，切成大小均匀的剂子。

4 在案板上撒上面粉，擀成包子皮。

5 竹笋去壳切碎；虾仁剁成小粒；芹菜去叶切碎。

6 热锅注油烧热，倒入竹笋，翻炒片刻。

7 加入生抽、料酒，快速炒匀，倒入芹菜，翻炒。

8 将炒好的料放凉片刻，倒入虾仁内。

9 加入米酒、芝麻油，拌匀即成馅料。

10 取适量的馅料放入面皮中央，由一处开始先捏出一个褶子。

11 然后继续朝一个方向捏褶子，直至将面皮边缘捏完，收口，成包子生胚。

12 做好的生胚用湿纱布盖起来，再静置约20分钟进行第二次饧发。

13 蒸锅内放入适量的水，在蒸屉上刷一层薄油或垫上屉布，放入饧发好的生胚。

14 盖严锅盖，大火蒸约18分钟后关火，等约3分钟再打开锅盖，取出即可。

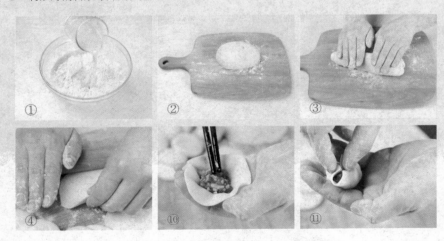

① ② ③

④ ⑩ ⑪

烹饪技巧： 馅料拌好后可以放入冰箱冷冻片刻，可以锁住水分，蒸出的成品会更加多汁。

豆腐包子

| 难度：★★☆☆☆ | 时间：30分钟 | 口味：淡 |

原料 面粉200克，酵母粉10克，豆腐130克，黄瓜100克，蒜薹60克，水发海米50克，黄酱30克，葱花、姜末各少许

调料 盐2克，鸡粉1克，胡椒粉2克，五香粉3克，食用油适量

做法

1 豆腐切成丁，蒜薹切成末，黄瓜切成粒，泡好的海米切碎。

2 取大碗，放入切好的黄瓜、海米、蒜薹、豆腐、姜末、葱花。

3 放入黄酱、鸡粉、盐、五香粉、胡椒粉、少许食用油，拌匀成馅料。

4 取大碗，倒入面粉、酵母粉。

5 分次注入约30毫升清水，稍稍搅拌。

6 将面粉倒在案台上进行揉搓，成纯滑的面团。

7 将面团放入碗中，封上保鲜膜，放置温暖处发酵2小时。

8 取出发酵好的面团，放在撒有少许面粉的案台上搓成长条状。

9 将长条状面团分成数个剂子，稍稍压平成圆饼生坯，擀成薄面皮。

10 取适量馅料放入面皮中。

11 提起四周的面皮，折成褶子，顶端成小凹槽，制成包子。

12 取空盘，放入包底纸，放上包子。

13 电蒸锅注水烧开，放上包子。

14 盖上盖，蒸15分钟至熟即可。

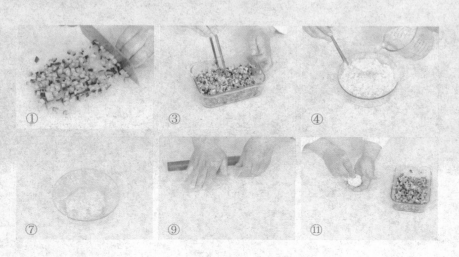

① ③ ④

⑦ ⑨ ⑪

豆角包子

难度：★★☆☆☆	时间：18分钟	口味：香

原料	面粉200克，酵母粉10克，长豆角125克，猪肉末200克，葱花30克，姜末少许
调料	盐、鸡粉、五香粉、胡椒粉各2克，生抽5毫升

做法

1　取大碗，倒入适量面粉，放入酵母粉。

2　分次注入少许清水（一共不超过30毫升），稍稍搅拌。

3　将面粉倒在案台上进行揉搓。

4　揉搓成纯滑的面团。

5　将面团放入碗中，封上保鲜膜，放置温暖处发酵2小时。

6　洗净的豆角切成丁，装碗。

7　豆角丁中放入肉末、姜末、葱花。

8　放入盐、鸡粉、五香粉、胡椒粉、生抽，搅成馅料。

9　在案台上撒少许面粉，取出发酵好的面团，搓成长条状。

10　将长条状面团分成数个剂子，擀成薄面皮。

11　取适量馅料放入面皮中。

12　提起四周的面皮，折成褶子，制成包子。

13　取出蒸屉，放入包底纸，放上包子。

14　电蒸锅注水烧开，放上蒸屉，盖上盖，蒸10分钟至熟即可。

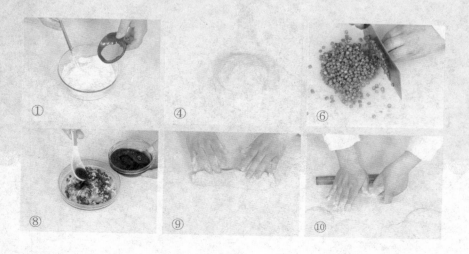

① ④ ⑥

⑧ ⑨ ⑩

烹饪技巧：搓揉面团时可以在案台上摔几次，这样做出的包子皮才有劲道。

161

猪肉白菜馅大包子

难度：★★★☆☆	时间：40分钟	口味：鲜

原料 面粉300克，无糖椰粉60克，牛奶50毫升，白糖50克，酵母粉20克，白菜、肉末各200克，甜面酱20克，水发木耳、葱花、姜末各适量

调料 盐4克，鸡粉2克，花椒粉3克，食用油、老抽各适量

 做法

1 白菜切粒，木耳切碎。

2 白菜装入碗中，放入适量盐，拌匀，腌渍10分钟，挤去多余的水分。

3 取一个碗，倒入肉末、木耳、姜末、葱花。

4 再放入甜面酱、白菜，加入盐、鸡粉、花椒粉。

5 淋入食用油、老抽，制成馅料。

6 取一个碗，倒入250克面粉，放入酵母粉、椰粉、白糖，拌匀。

7 缓缓倒入牛奶，边倒边搅拌。

8 倒入适量的温开水，再次搅拌匀。

9 揉成面团，用保鲜膜封住碗口，常温发酵2小时。

10 撕开保鲜膜，在案台上撒上适量面粉，放入面团。

11 将面团揉匀，搓成长条，揪成3个大小一致的剂子。

12 撒上面粉，将剂子压扁成饼状，擀成包子皮。在包子皮上放入馅，制成包子生坯。

13 取蒸笼屉，将包底纸摆放在上面，放入包子生坯。

14 电蒸锅注水烧开，放上笼屉，加盖，蒸20分钟至熟即可。

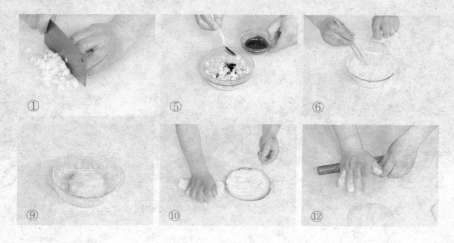

① ⑤ ⑥

⑨ ⑩ ⑫

烹饪技巧：腌渍好的白菜一定要将水分挤干净，以免影响口感。

家常菜肉包子

| 难度：★★★☆☆ | 时间：160分钟 | 口味：鲜 |

原料 面粉300克，酵母粉20克，韭菜100克，猪肉末135克，甜面酱35克

调料 盐2克，鸡粉2克，芝麻油3毫升、十三香、五香粉、食用油各适量

🥣 做法

1 洗好的韭菜切碎，放入肉末中，再加入甜面酱。

2 再加入盐、鸡粉、芝麻油、十三香、五香粉，搅拌均匀，制成馅料。

3 取一个碗，放入面粉，加入酵母粉。

4 注入适量的清水，搅拌匀，揉制成面团。

5 将面团放入碗中，用保鲜膜包住碗口，放在温暖处发酵2小时。

6 往案板上撒上适量的面粉。

7 将揉好的面团放在案板上，揉搓成粗条，再切成大小均匀的剂子。

8 用擀面杖将剂子擀成包子皮。

9 取适量馅料放在包子皮上，用手窝成一团。

10 将中间捏出一个个褶子将馅包住，制成包子。

11 取一个盘子，抹上少许食用油，将包子放入，待用。

12 电蒸锅注水烧开，放入包子。

13 盖上锅盖，用电蒸锅里的热气将包子发酵约15分钟。

14 电蒸锅通上电，调转旋钮定时15分钟将包子蒸熟即可。

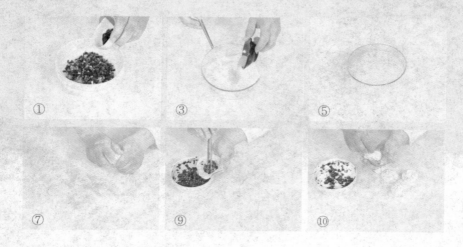

① ③ ⑤

⑦ ⑨ ⑩

三鲜包子

| 难度：★★★☆☆ | 时间：40分钟 | 口味：鲜 |

原料 面粉500克，鸡肉50克，水发海参、虾仁各100克，猪五花肉、冬笋各300克

调料 葱花、姜末、生抽、芝麻油、盐、发酵粉、食用碱各适量

做法

1 猪五花肉、虾仁、冬笋、鸡肉、水发海参均洗净切碎。

2 加入盐、芝麻油、生抽、姜末、葱花。

3 搅拌均匀成肉馅。

4 将面粉倒入碗中，发酵粉用温水化开，倒入面粉中混匀。

5 加入水揉成光滑面团，静置一段时间，发酵。

6 搓条下剂。

7 擀成圆皮。

8 加馅捏成包子。

9 放入蒸笼中蒸熟。

10 关火取出即可。

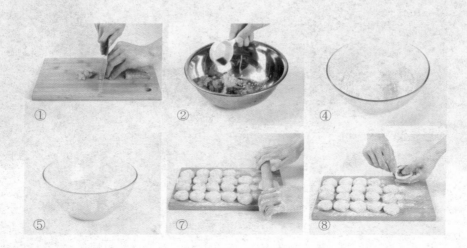

① ② ④

⑤ ⑦ ⑧

烹饪技巧：如果买的是自发粉的话，就不需要再添加酵母粉。

灌汤包

难度：★★☆☆	时间：35分钟	口味：鲜

原料　皮冻75克，面粉135克，肉末90克，虾仁末50克，葱花、姜末各少许

调料　盐2克，鸡粉2克，料酒5毫升，生抽4毫升，芝麻油4毫升，食用油适量

做法

1 备好的皮冻切片，再切成条，切方块。

2 取一个碗，倒入肉末、虾仁末、葱花、姜末。

3 加入盐、鸡粉、料酒、生抽、芝麻油，搅拌匀，待用。

4 取一个碗，倒入120克面粉，注入适量清水，拌匀。

5 将面粉倒在平板上，充分混合均匀，制成面团。

6 再撒上少许面粉，将面团揉成长条。

7 再揪成6个大小均等的剂子。

8 将剂子压扁，用擀面杖擀成包子皮。

9 取适量肉馅放在包子皮上，再放上一块皮冻。

10 往中心折好，制成包子。

11 将剩余的包子皮逐一制成包子。

12 取一个盘，抹上适量食用油，摆放好包子。

13 电蒸锅注水烧开，放入包子。

14 盖上盖，调转旋钮定时15分钟至蒸熟即可。

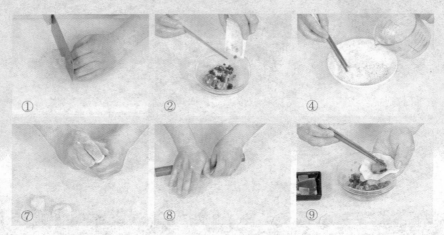

① ② ④

⑦ ⑧ ⑨

烹饪技巧：皮冻本身就有咸味，所以调肉馅时不要放太多盐。

鲜肉包子

| 难度：★★★☆☆ | 时间：35分钟 | 口味：鲜 |

原料 面粉300克，无糖椰粉60克，牛奶50毫升，白糖50克，酵母粉20克，肉末100克，姜末、葱花各少许

调料 豆瓣酱30克，鸡粉2克，盐3克

 做法

1　取一个碗，倒入250克面粉，放入酵母粉、椰粉、白糖，拌匀。

2　缓缓倒入牛奶，边倒边搅拌。

3　倒入适量的温开水，再次搅拌匀。

4　揉成面团，用保鲜膜封住碗口，常温发酵2小时。

5　取一个碗，倒入肉末、葱花、姜末、豆瓣酱。

6　再加入盐、鸡粉、料酒、老抽、五香粉、芝麻油。

7　注入适量的清水，搅拌均匀，制成肉馅。

8　撕开面团上的保鲜膜，在案台上撒上适量面粉，放入面团。

9　将面团揉匀，搓成长条，揪成5个大小一致的剂子。

10　撒上适量面粉，擀成包子皮。

11　在包子皮上放入适量馅，将边上的包子皮向中间聚拢。

12　将包子边捏成一个个褶子，制成包子生坯。

13　取蒸笼屉，放入包子生坯。

14　电蒸锅注水烧开，放入笼屉，蒸15分钟至熟即可。

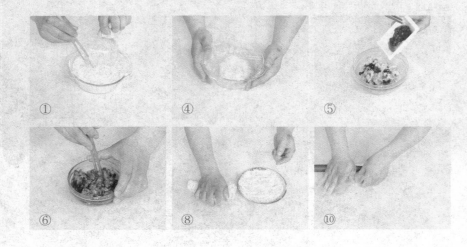

① ④ ⑤ ⑥ ⑧ ⑩

狗不理包子

| 难度：★★★★ | 时间：30分钟 | 口味：咸 |

原料 肉馅150克，面粉300克，酵母粉3克，大葱40克，姜末1克，碱1克，高汤100毫升

调料 盐3克，鸡粉3克，料酒3毫升，生抽3毫升

 做法

1. 大葱切开，切成细条，再切成碎。

2. 将面粉、酵母粉放入备好的碗中，注入适量清水，搅拌均匀。

3. 将拌好的面粉按压成面团。

4. 将面团装入碗中，封上保鲜膜，发酵2小时。

5. 在备好的碗中放入肉馅、姜末、葱碎、盐、鸡粉、料酒、生抽，搅拌均匀。

6. 将高汤倒入，朝同一个方向搅拌，拌成黏糊状，待用。

7. 将保鲜膜撕开，取出面团。

8. 往装有碱的碗中注入适量清水，搅拌成碱液。

9. 将碱液倒在面团上。

10. 再撒上适量面粉，将面团捏成小面团，饧面5分钟。

11. 将饧好的小面团取出，撒上适量面粉，用擀面杖擀成面饼。

12. 将肉馅放入面饼上，制成包子。

13. 将盘子刷上一层油，放入包子。

14. 电蒸锅注水烧开，放入包子，盖上锅盖，蒸15分钟。

15. 揭开锅盖，取出包子即可。

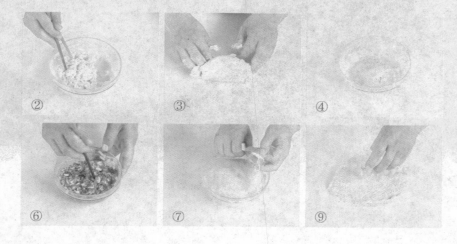

② ③ ④
⑥ ⑦ ⑨

咖喱鸡肉包子

| 难度：★★ | 时间：43分钟 | 口味：鲜 |

原料 中筋面粉300克，鸡胸肉150克，猪肥油15克，洋葱60克，胡萝卜30克，咖喱粉、酵母各适量

调料 生抽5毫升，料酒8毫升，胡椒粉3克，盐4克，食用油适量

 做法

1 鸡胸肉洗净切丝，洋葱洗净切丝，胡萝卜洗净去皮切丝。

2 锅中注油烧热，放入鸡肉丝翻炒。

3 加入洋葱丝、胡萝卜丝炒软，加入适量热水、胡椒粉、咖喱粉，炒匀。

4 加盖，煮至食材黏稠，关火盛出。

5 面粉倒入碗中，将酵母溶于水中，倒入面粉里。

6 将面粉揉搓成光滑面团。

7 将面团搓成粗条，揪成大小均匀的剂子。

8 在案板上撒上面粉，擀成包子皮。

9 取适量的馅料放入面皮中央，由一处开始先捏出一个褶子，然后继续朝一个方向捏褶子。

10 直至将面皮边缘捏完，收口，成包子生胚。

11 做好的生胚用湿纱布盖起来，再静置约20分钟进行第二次饧发。

12 蒸锅内放入适量的水，在蒸屉上刷一层薄油或垫上屉布，放入饧发好的生胚。

13 盖严锅盖，大火蒸约18分钟后关火，等约3分钟再打开锅盖，取出即可。

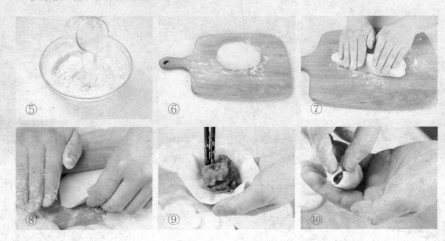

⑤ ⑥ ⑦

⑧ ⑨ ⑩

烹饪技巧：这里鸡肉用的是鸡胸肉，喜欢嫩肉口感的可选择用鸡腿肉，味道会更鲜嫩多汁。

极品鸡汁生煎包

| 难度：★★★☆☆ | 时间：30分钟 | 口味：鲜 |

原料 面粉200克，酵母5克，鸡脯肉末50克，瘦肉末50克，皮冻100克，鸡蛋液30克，生粉20克，葱花4克，姜末4克

调料 盐、鸡粉各3克，十三香粉2克，生抽3毫升

烹饪技巧： 吃的时候，可根据自己口味蘸上喜欢的味汁，可以是食醋，也可以是酱料，味道很不错。

 做法

1 将面粉倒入碗中，加入酵母，边注入清水边朝同一个方向搅拌。

2 将拌匀的面粉倒在台面上，撒上适量面粉，按压成面团。

3 将面团装入碗中，封上保鲜膜，饧面60分钟。

4 皮冻切片，切条，再切碎。

5 碗中放入鸡肉末、瘦肉末、鸡蛋液、皮冻、姜末、葱花、盐、鸡粉、生抽、十三香粉、生粉，制成馅料。

6 揭开保鲜膜，取出面团。

7 将面团揉成条状，揪成小块，撒上适量面粉，将小块面团压成面饼。

8 面饼撒上适量面粉，用擀面杖擀成包子皮。

9 包子皮上放入馅料，捏成包子状。

10 将包子放入热锅中，注入适量清水，盖上盖，焖10分钟。

11 揭盖，取出包子，放至备好的盘中即可。

玉米洋葱煎包

难度：★★★☆☆	时间：13分钟	口味：淡

烹饪技巧： 煎制生坯时可以多用一些食用油，这样成品的口感更好。

原料 肉末75克，玉米粒55克，洋葱末30克，高筋面粉150克，泡打粉15克，酵母5克，姜末、黑芝麻各少许

调料 盐2克，鸡粉、十三香各少许，老抽2毫升，料酒4毫升，食用油适量

 做法

1 把高筋面粉装入碗中，倒入泡打粉、酵母，搅拌匀，再分次注入清水，搅拌匀，静置一会儿，再揉搓匀，成纯滑的面团，待用。

2 取一小碗，倒入肉末、玉米粒、洋葱末、姜末，拌匀，加入盐、鸡粉。

3 淋上老抽、料酒，撒上十三香，搅拌一会，再注入食用油，静置一会儿，制成馅料，待用。

4 取面团，搓成条形，分成数个小段。

5 再擀成圆饼的形状，盛入馅料，收紧口，扭出螺旋状的花纹，再蘸上黑芝麻，制成煎包生坯，待用。

6 用油起锅，放入生坯，用中火煎出香味。

7 注入少许清水，大火煎一会儿。

8 盖上盖，用小火煎约10分钟，至其底部微黄即可。

水煎包子

| 难度：★★★★☆ | 时间：30分钟 | 口味：鲜 |

原料 面粉300克，无糖椰粉60克，牛奶50毫升，酵母粉20克，肉末80克，白芝麻20克，葱花、姜末各少许

调料 白糖50克，盐3克，鸡粉、胡椒粉、五香粉各2克，生抽5毫升，料酒5毫升，食用油适量

 做法

1 取一个碗，倒入 250 克面粉，放入酵母粉、椰粉、白糖，拌匀。

2 缓缓倒入牛奶，边倒边搅拌。

3 倒入适量的温开水，再次搅拌匀。

4 揉成面团，用保鲜膜封住碗口，常温发酵 2 个小时。

5 取一个碗，放入肉末、葱花、姜末，加入盐、鸡粉。

6 再放入胡椒粉、五香粉，淋入生抽、料酒、食用油。

7 加入少许清水，搅拌匀，制成馅料。

8 撕开面团上的保鲜膜，在案台上撒

上适量面粉，放入面团。

9 将面团揉匀，搓成长条，揪成几个大小一致的剂子。

10 撒上适量面粉，将剂子压扁成饼状，擀成包子皮。

11 在包子皮上放入适量馅，将包子边捏成一个个褶子，制成包子生坯。

12 热锅注油烧热，放入包子生坯。

13 沿着锅边倒入清水，在包子生坯上撒上白芝麻。

14 大火煎 10 分钟至水分收干即可。

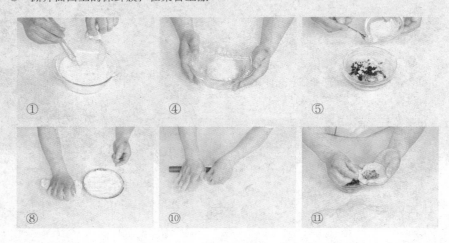

① ④ ⑤
⑧ ⑩ ⑪

花卷

| 难度：★★★★☆ | 时间：35分钟 | 口味：淡 |

原料　面粉250克，酵母粉5克，白糖10克
调料　盐3克，鸡粉2克，五香粉3克，食用油适量

🥣 做法

1　取一个碗，倒入 230 克面粉，放入酵母粉、白糖。

2　注入适量的清水，搅匀。

3　再倒入案台上，揉搓成面团。

4　将面团装入碗中，用保鲜膜封口。

5　在常温下发酵 2 个小时至面团松软。

6　撕去保鲜膜，将面团取出。

7　再撒上少许的面粉，揉搓成粗条。

8　再撒些许面粉，用擀面杖将其擀成面皮。

9　淋入适量食用油，撒上盐、鸡粉、五香粉，抹匀。

10　再撒上适量面粉，如折扇面样折叠起来，拉长。

11　用刀切成长度一致的长段。

12　将长段两端用手捏住，粘牢。

13　剩下的面团逐一按照这个方法制成花卷生坯。

14　电蒸锅注水烧开，放入花卷生坯。

15　盖上锅盖，调转旋钮定时 15 分钟至蒸熟即可。

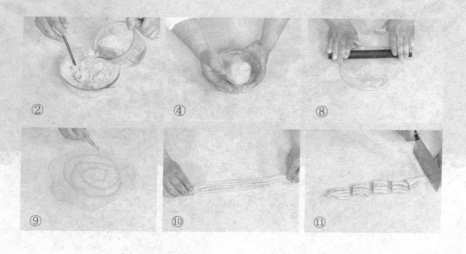

②　　　　④　　　　⑧
⑨　　　　⑩　　　　⑪

181

玫瑰花卷

| 难度：★★☆☆☆ | 时间：30分钟 | 口味：淡 |

原料 面粉250克，酵母粉5克，白糖10克，草莓粉40克

 做法

1. 取一个碗，倒入230克面粉，加入酵母粉、白糖，注入适量的清水，搅匀。

2. 再倒入面板上，揉搓成面团。

3. 将面团放入碗中，用保鲜膜封住碗口，常温下发酵2小时。

4. 撕去保鲜膜，将面团取出，放在面板上。

5. 撒上草莓粉，揉搓混匀。

6. 再撒上适量面粉，继续揉搓使其完全混合匀。

7. 搓成长条，分成大小一致的剂子。

8. 将剂子压成面饼，擀制成薄面皮。

9. 将三片面皮叠起，卷成面卷。

10. 用筷子在面卷的中线部位往下压断，成两部分。

11. 分别将尾部捏完整，即成两个花卷生坯，摆放在盘中。

12. 将剩下的两片面皮也按照以上步骤制成花卷生坯，装盘待用。

13. 电蒸锅注水烧开，放入花卷生坯。

14. 盖上盖，调转旋钮定时15分钟至蒸熟即可。

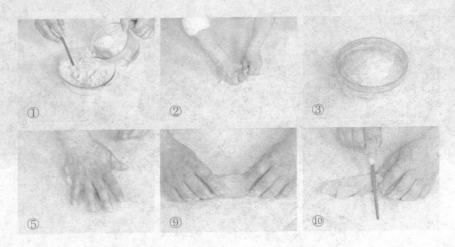

① ② ③

⑤ ⑨ ⑩

烹饪技巧：草莓粉不要一次倒入，以免混合不匀。

紫薯花卷

难度：★★★☆☆ | 时间：40分钟 | 口味：甜

原料	面粉250克，酵母粉5克，白糖10克，熟紫薯100克
调料	食用油适量

 做法

1. 取一个碗，倒入230克面粉，放入酵母粉、白糖，注入清水，搅匀。

2. 再倒入案台上，揉搓成面团。

3. 将面团装入碗中，用保鲜膜封住碗口，常温下发酵2小时。

4. 将熟紫薯装入保鲜袋，用擀面杖擀成泥，待用。

5. 撕开保鲜膜，将发酵好的面团取出。

6. 撒上些许面粉，将面团压扁成饼状。

7. 将面饼卷起包住紫薯泥，揉搓均匀。

8. 再撒些许面粉，用擀面杖将其擀成面皮。

9. 淋上适量食用油，抹匀。

10. 将面皮卷起来，向两边拉长。

11. 用刀切成长度一致的长段，将长段两端叠起，向两边拉长。

12. 卷成麻花状，转一圈将两端粘牢，制成花卷生坯。

13. 电蒸锅注水烧开，放入花卷生坯。

14. 盖上锅盖，调转旋钮定时15分钟至蒸熟即可。

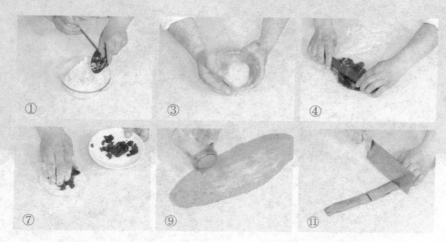

① ③ ④
⑦ ⑨ ⑪

花生卷

| 难度：★★★☆☆ | 时间：74分钟 | 口味：甜 |

原料 低筋面粉500克，酵母5克，白糖50克，花生酱20克，花生末30克

调料 食用油适量

 做法

1 把面粉、酵母倒在案板上，混合均匀。

2 用刮板开窝，加入白糖。

3 再分数次倒入少许清水，揉搓一会，至面团纯滑。

4 将面团放入保鲜袋中，包紧、裹严实，静置约10分钟，备用。

5 取适量面团，揉搓成长条，压扁，擀成面皮。

6 将面皮修成正方形，刷上食用油。

7 均匀地抹上花生酱，再撒上花生末。

8 对折，压平，再分成4个均等的面皮。

9 将面皮对折，拉长，捏紧两端，扭转成螺纹形。

10 再将两端合起来、捏紧。

11 依此做完余下的面皮，制成花生卷生坯。

12 在备好的蒸盘上刷一层食用油，摆放上花生卷生坯。

13 蒸锅放置在灶台上，放入蒸盘。

14 盖上盖，静置约1小时，至花生卷生坯发酵、涨开。

15 打开火，水烧开后再用大火蒸约10分钟，至花生卷熟透即成。

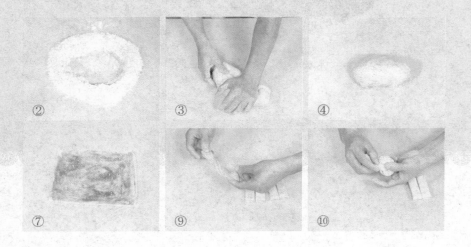

② ③ ④

⑦ ⑨ ⑩

葱油花卷

| 难度：★★★★☆ | 时间：40分钟 | 口味：淡 |

原料 面粉250克，酵母粉5克，白糖10克，葱花少许
调料 盐3克，鸡粉2克，五香粉3克，食用油适量

🥣 做法

1 取一个碗，倒入230克面粉，放入酵母粉、白糖。

2 注入适量的清水，搅匀。

3 再倒入案台上，揉搓成面团。

4 将面团装入碗中，用保鲜膜封住碗口，常温下发酵2小时。

5 将面团取出，撒上少许面粉，揉搓均匀。

6 再撒上些许面粉，用擀面杖将面团擀成面皮。

7 撒上面粉，在面皮上涂抹均匀。

8 再次将面皮擀薄，淋入适量食用油，抹匀。

9 再撒上盐、鸡粉、五香粉、葱花，抹匀。

10 再将面皮卷成条，拉长。

11 用刀切成长度一致的长段。

12 在长段中间切上一道口子，由内向外翻出。

13 剩下的面团逐一按照这个方法制成花卷生坯。

14 电蒸锅注水烧开，放入花卷生坯。

15 盖上锅盖，调转旋钮定时15分钟至蒸熟即可。

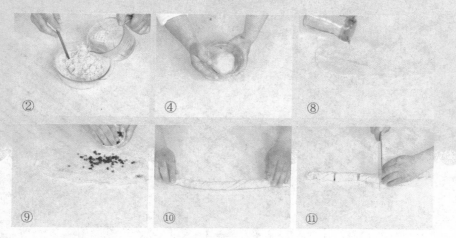

② ④ ⑧

⑨ ⑩ ⑪

烹饪技巧：做好花卷后，还可静置片刻后再蒸制，口感会更好。

双色卷

原料 低筋面粉1000克，酵母10克，白糖100克，熟南瓜200克

调料 食用油适量

 做法

1. 取 500 克面粉、5 克酵母，倒在案板上混匀，用刮板开窝，加入 50 克白糖。

2. 再分数次倒入清水，揉搓至白色面团纯滑。将白色面团放入保鲜袋中，静置约 10 分钟。

3. 再取500 克面粉和5克酵母，倒在案板上，混合匀，用刮板开窝，加入50克白糖、熟南瓜，搅拌均匀，至南瓜成泥状，再分次加入清水，制成南瓜面团。

4. 把南瓜面团放入保鲜袋中，静置约 10 分钟，备用。

5. 分别取白色面团、南瓜面团，擀平、擀匀，待用。

6. 把南瓜面团叠在白色面团上，放整齐，再压紧，擀成面片，待用。

7. 在面片上刷食用油。

8. 沿面片的中间将两边对折两次，再分成 4 个等份的剂子。在剂子的中间压出一道凹痕，沿凹痕对折，把两端拉长，扭成"S"形，再把两端捏在一起，制成双色卷生坯。

9. 蒸锅置于灶台上，注入清水，放入蒸盘，再放入双色卷生坯，静置约 1 小时，使生坯发酵、涨大。

10. 打开火，水烧开后再用大火蒸约 10 分钟，至双色卷生坯熟透即可。

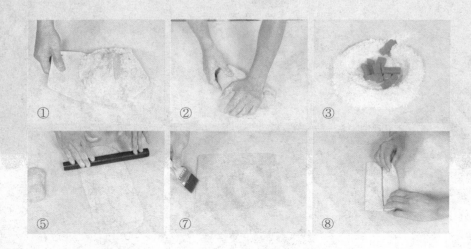

① ② ③

⑤ ⑦ ⑧

葱花肉卷

| 难度：★★★★☆ | 时间：74分钟 | 口味：鲜 |

原料 低筋面粉500克，酵母5克，白糖50克，肉末120克，葱花少许

调料 盐2克，鸡粉2克，白糖3克，老抽2毫升，料酒、生抽各3毫升，食用油适量

做法

1. 把面粉、酵母倒在案板上，混合均匀，用刮板开窝，加入白糖。

2. 再分数次倒入清水，揉搓一会，至面团纯滑。

3. 将面团放入保鲜袋中，包紧、裹严实，静置约10分钟，备用。

4. 用油起锅，倒入肉末，翻炒匀，至肉质松散。

5. 加入盐、白糖、鸡粉，淋上少许料酒、生抽，炒匀、炒透。

6. 再滴入少许老抽，快速翻炒一会儿，至肉末熟透，盛出待用。

7. 取面团，揉搓成长条，压扁，擀成面皮，将边缘修整齐，切成方形面皮。

8. 在面皮上抹一层食用油。

9. 放入炒好的馅料，均匀地撒上葱花。

10. 再把面皮对折两次，分切成4个小面块。取一个小面块，压上一道凹痕，捏紧两端，沿凹痕拉长，扭成"S"形，把两端捏在一起，即成肉卷生坯，放入刷油的蒸盘中。

11. 蒸锅放置在灶台上，放入蒸盘，加盖，静置约1小时。

12. 打开火，水烧开后再用大火蒸约10分钟，至肉卷熟透即可。

① ② ④

⑧ ⑨ ⑩

火腿香芋卷

难度：★★☆☆☆ ┃ 时间：72分钟 ┃ 口味：鲜

原料　低筋面粉500克，酵母5克，火腿条100克，香芋条100克

调料　白糖50克

 做法

1　将面粉、酵母倒在案板上，混合均匀，用刮板开窝，加入白糖。

2　倒入适量清水，与面粉混合均匀。

3　再倒入少许清水，拌匀，揉搓至面团纯滑，制成白色面团。

4　将面团放入保鲜袋中，包紧、裹严实，静置约10分钟，备用。

5　热锅注油，烧至五成热，倒入香芋，搅匀，炸约3分钟，至其熟透。

6　捞出炸好的香芋，沥干油，备用。

7　再把火腿放入油锅中，搅匀，使其均匀受热，炸出香味。

8　捞出炸好的火腿，沥干油，待用。

9　取适量面团，搓成长条，压扁，擀成面皮。

10　分成两份，再切成两片。

11　把香芋和火腿放在面片上，卷起，裹好，制成4个火腿香芋卷生坯。

12　在蒸盘上均匀地刷上一层食用油，放入火腿香芋卷生坯。

13　盖上盖，发酵1小时，打开火，用大火蒸约10分钟，至其熟透。

14　取出蒸好的火腿香芋卷，装盘即可。

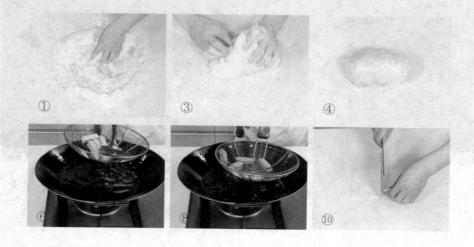

① ③ ④ ⑥ ⑧ ⑩

195

腊肠卷

| 难度：★★☆☆☆ | 时间：73分钟 | 口味：鲜 |

原料 低筋面粉500克，酵母5克，白糖50克，腊肠段120克

调料 食用油适量

 做法

1 将面粉、酵母倒在案板上，混合匀。

2 用刮板开窝，加入备好的白糖。

3 再分数次加入适量清水，反复揉搓，至面团光滑，制成面团。

4 把面团放入保鲜袋中，包裹好，静置约10分钟，备用。

5 取来面团，去除保鲜袋，搓成长条状，分成数个剂子。

6 再把剂子搓成两端细、中间粗的面卷，待用。

7 取来备好的腊肠段，逐一卷上面卷。

8 做好造型，即成腊肠卷生坯。

9 取来备好的蒸盘，刷上一层食用油，再摆放好腊肠卷生坯。

10 蒸锅置于灶台上，注入适量清水，再放入蒸盘。

11 盖上锅盖，静置约1小时，使生坯发酵、涨开。

12 打开火，水烧开后再用大火蒸约10分钟，至食材熟透即可。

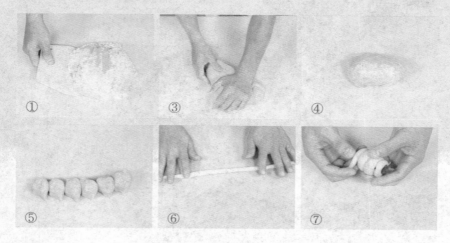

① ③ ④

⑤ ⑥ ⑦

黑豆玉米窝头

难度：★★★☆☆	时间：31分钟	口味：淡

原料 黑豆末200克，面粉400克，玉米粉200克，酵母6克

调料 盐2克

 做法

1. 碗中倒入玉米粉、面粉。

2. 加入黑豆末，搅拌匀。

3. 倒入酵母，混合均匀。

4. 放入盐，搅拌匀。

5. 倒入少许温水，搅匀，揉成面团。

6. 在面团上盖上干净毛巾，静置10分钟饧面。

7. 取走毛巾，把面团搓至纯滑。

8. 将面团搓成长条。

9. 再切成大小相等的小剂子。

10. 取蒸盘，刷上少许食用油。

11. 把剂子捏成锥子状。

12. 用手掏出一个窝孔，制成窝头生坯。

13. 把窝头生坯放入蒸盘中，放入水温为30℃的蒸锅中。

14. 盖上盖，发酵15分钟，打开火，用大火蒸15分钟，至窝头熟透即可。

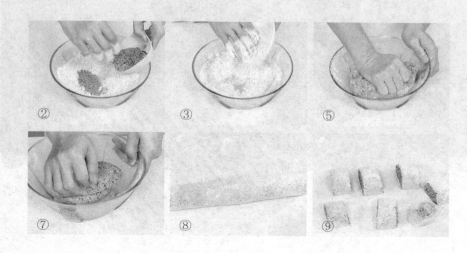

② ③ ⑤

⑦ ⑧ ⑨

PART 4

皮薄馅嫩的饺类

　　饺子、云吞、锅贴等是中国北方的特色食品之一，做法很多，包括煎、炸、煮等烹饪手法；吃法上也有很多，蘸辣酱食用，蘸醋食用，配葱、蒜食用等。本章给大家展示的不是各式繁多的吃法，而是想教给大家做出美味的基本方法。在此基础上，然后再根据自己的饮食习惯、风味爱好等，给自己做出的美食添上自己的色彩，体现出自己的口味来。

紫苏墨鱼饺

| 难度：★★☆☆☆ | 时间：5分钟 | 口味：咸 |

原料 墨鱼400克，虾仁200克，猪肥油50克，海带20克，鲜紫苏叶100克，葱花10克，姜蓉10克，饺子皮适量

调料 盐适量

 做法

1 泡发好的海带切碎；紫苏切成细丝；墨鱼剁成泥；虾仁去壳，剁成虾泥。

2 鱼肉、虾泥、猪肥油、葱花、姜蓉倒入碗中，单向充分拌匀后放入冰箱冷藏30分钟。

3 将紫苏、海带倒入肉馅，搅拌匀即成馅料。

4 在饺子皮上放入馅料。

5 用水在饺子皮边缘上划半圈。

6 捏出褶皱至整个饺子包好。

7 制作成紫苏墨鱼饺生坯。

8 锅中注水烧开，倒入饺子生坯拌匀煮至熟。

9 再倒入少许清水再次煮开，煮至饺子完全浮起即成。

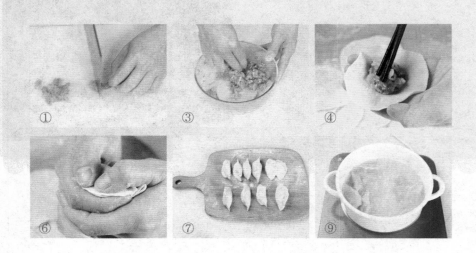

① ③ ④

⑥ ⑦ ⑨

烹饪技巧：墨鱼清洗时，应先撕掉表皮，剥开背皮，拉掉灰骨。

素三鲜饺子

| 难度：★★★☆☆ | 时间：35分钟 | 口味：鲜 |

| 原料 | 冬笋50克，香菇50克，鸡蛋3个 |
| 调料 | 盐、鸡粉、芝麻油各适量 |

烹饪技巧： 在打散的蛋液里加少量水，炒出的鸡蛋口感更嫩。

 做法

1　冬笋剥壳切片，放入开水锅中煮约10分钟左右，水中最好放少量盐一起煮。

2　煮好冬笋后捞出晾凉，剁成碎末备用。

3　香菇焯水后剁成碎末。

4　鸡蛋加少许盐打匀，入油锅翻炒，最好炒碎一点，这样容易拌馅。

5　将冬笋末、香菇末、碎鸡蛋一起加入盐、鸡粉、芝麻油一起拌匀入味。

6　拌好后放置约半个小时左右就可以包入饺子。

7　锅里烧开水，倒入包好的饺子，煮熟后蘸料吃。

肉末香菇水饺

难度：★★☆☆☆	时间：6分钟	口味：咸

原料 肉末170克，姜末、葱花各少许，熟白芝麻5克，香菇60克，饺子皮135克

调料 盐3克，鸡粉3克，生抽5毫升，花椒粉3克，芝麻油5毫升，食用油适量

烹饪技巧：将白芝麻放入烤箱中烤香，味道更好。

🥣 做法

1 香菇切丁，沸水焯煮断生，捞出香菇丁，沥干水待用。

2 往肉末中倒入香菇丁、姜末、葱花、熟白芝麻。

3 加入盐、鸡粉、生抽、花椒粉、芝麻油、食用油，拌匀入味，制成饺子馅料。

4 备好一碗清水，用手指蘸上适量水，往饺子皮边缘涂抹一圈。

5 往饺子皮上放适量馅料，将饺子皮两边捏紧。

6 其他的饺子皮都采用相同方法制成饺子生胚，放入盘中待用。

7 锅中注入适量清水烧开，倒入饺子生坯，煮开后再煮3分钟。

8 加盖，用大火煮2分钟，至其上浮，捞出入盘即可。

白菜猪肉馅饺子

| 难度: ★★☆☆☆ | 时间: 20分钟 | 口味: 咸 |

原料 白菜100克，饺子皮100克，肉末90克，姜末、葱花各少许

调料 盐、鸡粉、花椒粉各3克，生抽、芝麻油各5毫升，食用油适量

🍶 做法

1 白菜切碎装碗，撒上盐，拌匀，腌渍10分钟后倒入滤网中，将多余的水分挤出。

2 往肉末中倒入白菜碎、姜末、葱花，拌匀。

3 撒上盐、鸡粉、花椒粉、生抽、食用油、芝麻油，拌匀入味，制成馅料。

4 备好一碗清水，用手指蘸上适量的清水，往饺子皮边缘涂抹一圈。

5 往饺子皮中放入馅料，从饺子皮一端开始分别在两面的饺子皮边缘捏制出褶子，然后再挤压在一起，让饺子皮边缘相互粘连，制成生坯。

6 锅中注水烧开，倒入饺子生胚，拌匀，煮开后再煮3分钟。

7 加盖，用大火煮2分钟，至其上浮，盛出即可。

① ② ③ ④ ⑤ ⑥

烹饪技巧：可往肉末中加入鸡蛋液，这样制作出来的饺子味道更好。

韭菜鲜肉水饺

| 难度：★★☆☆☆ | 时间：20分钟 | 口味：鲜 |

原料 韭菜70克，肉末80克，饺子皮90克，葱花少许

调料 盐、鸡粉、五香粉各3克，生抽5毫升，食用油适量

 做法

1 洗净的韭菜切碎。

2 往肉末中倒入韭菜碎、葱花，撒上盐、鸡粉、五香粉，淋上食用油、生抽。

3 拌匀入味，制成馅料。

4 备好一碗清水，用手指蘸上少许清水，在饺子皮边缘涂抹一圈。

5 往饺子皮中放上少许的馅料，将饺子皮对折，两边捏紧，制成饺子生胚，放入盘中待用。

6 锅中注水烧开，放入饺子生胚。

7 待其再次煮开，搅匀，再煮3分钟。

8 加盖，用大火煮2分钟，至其上浮，捞出饺子，盛入盘中即可。

①   ②   ③

④   ⑤   ⑦

烹饪技巧：捏制时一定要按
压紧实，不然在煮制过程中
容易露馅。

209

翡翠白菜饺

| 难度：★★★☆☆ | 时间：9分钟 | 口味：咸 |

原料 面粉500克，猪肉馅300克，葱15克，姜5克，白菜200克，菠菜叶150克

调料 盐、芝麻油、蚝油、花椒粉、生抽、鸡粉、植物油、饺子调料粉各适量

做法

1 菠菜叶打成菠菜泥，然后用200克面粉加适量菠菜泥和成绿色面团。

2 剩下300克面粉和成白色面团，饧发半小时。

3 猪肉馅切碎，加入葱、姜、芝麻油、蚝油、花椒粉、饺子调料粉、生抽、盐、鸡粉、植物油制成肉馅。

4 绿色面团擀成长方形片放到下面，白色面团搓成长条放在上面，用绿色面团把白色面团卷起来。

5 切成剂子压扁，擀成大小均等的皮。

6 放入适量的馅料，逐个包好。

7 开水下锅，水再开后煮8分钟，捞出即可。

① ③ ④
⑤ ⑥ ⑦

青菜水饺

| 难度：★★★☆☆ | 时间：10分钟 | 口味：咸 |

原料 青菜70克，饺子皮90克，葱花少许

调料 盐、鸡粉、五香粉各3克，生抽5毫升，食用油适量

🥣 做法

1 青菜切碎倒入碗中，加葱花，撒上盐、鸡粉、五香粉。

2 淋上食用油、生抽拌匀，制成馅料。

3 备好一碗清水，用手指蘸上清水，在饺子皮的边缘涂抹一圈。

4 往饺子皮中放上少许的馅料，将饺子皮对折，两边捏紧。

5 锅中注入适量清水烧开，放入饺子生胚。

6 待其再次煮开，拌匀，再煮3分钟。

7 加盖，用大火煮2分钟，至其上浮，捞出饺子，盛入盘中即可。

① ② ④

⑤ ⑥ ⑦

四季豆虾仁饺子

| 难度：★★☆☆☆ | 时间：5分钟 | 口味：鲜 |

原料 虾仁300克，肥猪油50克，四季豆200克，葱花10克，姜蓉、饺子皮各适量

调料 料酒10毫升，芝麻油3毫升，胡椒粉3克，盐4克，鸡粉适量

做法

1 四季豆切小段；虾仁去壳，剁成虾泥。

2 虾仁、肥猪油、葱花、姜蓉倒入碗中，倒入全部调味料。

3 同向搅拌匀后放入冰箱冷藏30分钟。

4 将切好的四季豆放入肉馅，充分搅拌即成馅料。

5 在饺子皮上放入适量的馅料，再用水在饺子皮上划半圈。

6 捏出褶皱至整个饺子包好。

7 逐个把饺子包好。

8 在锅中倒入少许清水煮开，煮至饺子完全浮起即成。

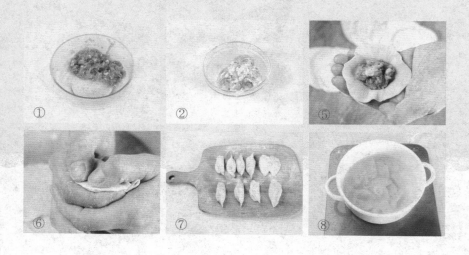

① ② ⑤
⑥ ⑦ ⑧

烹饪技巧：在虾仁中放些胡椒粉可以去腥提鲜。

丝瓜虾仁饺子

难度：★★☆☆☆ | 时间：5分钟 | 口味：鲜

原料 虾仁300克，肥猪油50克，丝瓜250克，干贝30克，葱花10克，姜蓉、饺子皮各适量

调料 料酒10毫升，芝麻油3毫升，胡椒粉3克，盐4克，鸡粉适量

做法

1 丝瓜去皮切成小粒；虾仁去壳，剁成虾泥。

2 丝瓜内放入盐，拌匀腌渍片刻，挤去多余水分。

3 干贝放入开水中，浸泡软后捞出捏碎。

4 虾仁、肥猪油、葱花、姜蓉倒入碗中，倒入全部调味料。

5 单向搅拌匀后放入冰箱冷藏30分钟。

6 将丝瓜、干贝丝放入肉馅中，充分搅拌即成馅料。

7 在饺子皮上放入适量的馅料，再用水在饺子皮上划半圈。

8 捏出褶皱至整个饺子包好。

9 逐个把饺子包好。

10 倒入少许清水煮开，煮至饺子完全浮起即成。

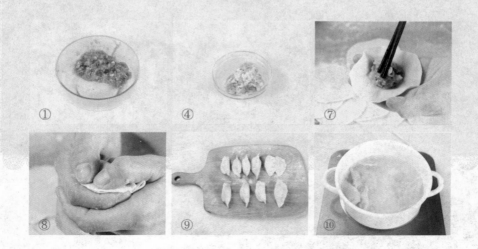

① ④ ⑦
⑧ ⑨ ⑩

烹饪技巧：自己做的饺子皮包饺子，味道更棒呢。

鲜汤小饺子

| 难度：★★★☆☆ | 时间：8分钟 | 口味：咸 |

原料 饺子皮5张，猪肉末100克，紫菜、虾皮各适量

调料 盐、食用油、芝麻油各适量

烹饪技巧： 此饺子不宜久煮，水开浮起即可捞出。

 做法

1　取一干净大碗，倒入猪肉末，加适量盐、食用油、芝麻油调成馅料。

2　取一张饺子皮，放入馅料，在饺子皮边缘蘸水，包好，制成饺子生坯。

3　锅中注入适量清水烧沸，加适量盐。

4　下入饺子生坯，煮至饺子上浮。

5　碗中放入适量紫菜、虾皮。

6　将饺子盛入碗中，倒入适量饺子汤，晾凉即可。

羊肉韭黄水饺

| 难度：★★★☆☆ | 时间：7分钟 | 口味：咸 |

原料 饺子皮300克，羊肉450克，韭黄100克，姜末20克，葱花适量

调料 盐、食用油、五香粉、料酒各适量

 做法

1 羊肉洗净，剁成馅，倒入姜末、料酒，腌渍10分钟。

2 韭黄洗干净，稍微晾晒一会。

3 韭黄切碎，倒入食用油。

4 将羊肉馅和韭黄搅拌，加入盐、五香粉，搅拌匀。

5 将馅包入饺子皮中。

6 饺子入锅，盖上盖，锅开后加入两次凉水，然后开盖煮大约5分钟，撒上葱花即可。

烹饪技巧： 羊肉略有膻味，可适当加些胡椒粉去膻。

219

羊肉饺子

| 难度：★★★☆☆ | 时间：8分钟 | 口味：咸 |

原料　饺子皮300克，羊肉500克，胡萝卜100克，姜末20克，葱段适量

调料　料酒、生抽各少许，盐、食用油、生粉、胡椒粉各适量

烹饪技巧： 拌羊肉时可加入适量咖喱粉，一般1千克羊肉放半包咖喱粉煮透后即没有膻味。

 做法

1 将羊肉、胡萝卜分别剁成末。

2 将羊肉中加入胡椒粉，淋入少许料酒、生抽，加适量盐、姜末、葱花。

3 加入胡萝卜，再加入适量生粉，单向搅拌，制成馅料。

4 取饺子皮，将馅料包好，依次制成生坯，备用。

5 锅中注水烧沸，倒入少许食用油、盐、葱段。

6 倒入饺子生坯，煮至浮起，稍煮片刻，出锅即可。

韭菜鸡蛋饺子

| 难度：★★★☆☆ | 时间：20分钟 | 口味：咸 |

 原料 韭菜75克，饺子皮85克，鸡蛋液30克，虾皮10克

调料 盐、鸡粉、花椒粉各3克，食用油适量

烹饪技巧：用勺子贴着锅底顺时针转圈，盖锅盖煮开后加两次凉水就好了。

🥣 做法

1. 韭菜切碎；鸡蛋液打散，待用。

2. 热锅注油烧热，倒入鸡蛋液，快速炒散后，盛出待用。

3. 取一碗，倒入鸡蛋、虾皮、韭菜碎。

4. 加入盐、鸡粉、花椒粉、食用油，拌匀入味，制成馅料。

5. 备好一碗清水，用手指蘸上适量清水，往饺子皮边缘涂抹一圈。

6. 往饺子皮上放上适量馅料，将饺子皮两边捏紧。

7. 其他的饺子皮都采用相同方法制成饺子生胚，放入盘中待用。

8. 锅中注水烧开，倒入饺子生胚，拌匀，防止饺子相互粘连，煮开后再煮3分钟。

9. 加盖，用大火煮2分钟，至饺子浮起，盛出即可。

三鲜馅饺子

| 难度：★★☆☆☆ | 时间：20分钟 | 口味：咸 |

原料 韭菜75克，饺子皮110克，鸡蛋液30克，虾皮10克，水发木耳60克

调料 盐3克，五香粉3克，芝麻油5毫升，食用油适量

烹饪技巧： 虾皮有咸味，因此在馅料中可少放盐。

 做法

1 韭菜、木耳切碎；鸡蛋液打散，待用。

2 热锅注油烧热，倒入蛋液，快速炒散，盛盘待用。

3 碗中倒入鸡蛋、虾皮、木耳碎、韭菜碎。

4 撒上盐、五香粉，淋上芝麻油、食用油，拌匀入味，制成馅料。

5 备好一碗水，用手指蘸上少许的清水，往饺子皮边缘涂抹一圈。

6 往皮中放上少许的馅料，将饺子皮对折，两边捏紧。

7 其他的饺子皮采用相同的做法制成饺子生胚，放入盘中待用。

8 锅中注入适量清水烧开，倒入饺子生胚，煮开后再煮3分钟。

9 加盖，用大火煮2分钟，至饺子上浮，捞出即可。

芹菜猪肉水饺

| 难度：★★☆☆☆ | 时间：20分钟 | 口味：咸 |

原料 芹菜100克，肉末90克，饺子皮95克，姜末、葱花各少许

调料 盐、五香粉、鸡粉各3克，生抽5毫升，食用油适量

烹饪技巧： 喜欢偏辣口味者，可以在肉末中放入适量的剁椒。

 做法

1. 芹菜切碎，撒上少许盐，拌匀，腌渍10分钟。

2. 将腌渍好的芹菜碎倒入漏勺中，压掉多余的水分。

3. 将芹菜碎、姜末、葱花倒入肉末中。

4. 加入五香粉、生抽、盐、鸡粉、适量食用油拌匀入味，制成馅料。

5. 备好一碗清水，用手指蘸上少许清水，往饺子皮边缘涂抹一圈。

6. 往饺子皮中放上少许的馅料，将饺子皮对折，两边捏紧，制成饺子生胚，放入盘中待用。

7. 锅中注水烧开，倒入饺子生胚，拌匀，防止其相互粘连，煮开后再煮2分钟。

8. 加盖，用大火煮2分钟，至其上浮，捞出盛盘即可。

酸汤水饺

| 难度：★★☆☆☆ | 时间：3分钟 | 口味：咸 |

原料　水饺150克，过水紫菜30克，虾皮30克，葱花10克，油泼辣子20克，香菜5克

调料　盐2克，鸡粉2克，生抽4毫升，陈醋3毫升

烹饪技巧： 煮饺子时中途可加点凉水，饺子口感会更好。

 做法

1　锅中注入适量的清水，大火烧开。

2　放入备好的水饺。

3　盖上锅盖，大火煮3分钟。

4　取一个碗，放入盐、鸡粉。

5　淋入生抽、陈醋，加入紫菜、虾皮、葱花、油泼辣子。

6　揭开锅盖，将水饺盛出，装入调好料的碗中。

7　加入备好的香菜即可。

钟水饺

| 难度：★★☆☆☆ | 时间：10分钟 | 口味：咸 |

 原料 肉胶80克，蒜末、姜末、花椒各适量，饺子皮数张

调料 盐2克，鸡粉2克，生抽4毫升，芝麻油2毫升

烹饪技巧：干花椒要用开水冲泡，这样才能完全泡出花椒的有效成分。

做法

1 花椒装入碗中，加适量开水，浸泡10分钟。

2 肉胶倒入碗中，加入姜末、花椒水，拌匀。

3 放盐、鸡粉、生抽，拌匀。

4 加芝麻油，拌匀，制成馅料。

5 取适量馅料，放在饺子皮上。

6 收口，捏紧，制成生坯。

7 锅中注入适量清水烧开，放入生坯，煮约5分钟至熟。

8 取小碗，装少许生抽，放入蒜末，制成味汁。

9 把煮好的饺子捞出装盘，用味汁佐食饺子即可。

鲜虾韭黄饺

| 难度：★★☆☆☆ | 时间：20分钟 | 口味：咸 |

原料　低筋面粉250克，鸡蛋1个，虾仁60克，肉末80克，韭黄80克，水发木耳30克，水发香菇40克，胡萝卜60克

调料　盐2克，鸡粉2克，生抽3毫升，生粉5克，蚝油5克，芝麻油3毫升

 做法

1　把肉末倒入碗中，放盐、鸡粉、生抽，拌匀备用。

2　韭黄切段，胡萝卜、木耳、香菇切粒，拌入肉末碗中。

3　加入虾仁、生粉、蚝油、芝麻油，搅匀。

4　低筋面粉装于碗中，倒入鸡蛋，搅匀。

5　加适量开水，搅匀，揉至面团光滑，

搓成长条状，分成大小均等的剂子，擀成饺子皮。

6　把饺子皮折成三角块状，翻面，放上适量馅料，收口，捏成三角形状。

7　用剪刀在棱上剪叶子状花形，点缀上胡萝卜粒，制成生坯，装入蒸笼里。

8　放入烧开的蒸锅，大火蒸7分钟即可。

① ④ ⑤

⑥ ⑦ ⑧

清蒸鱼皮饺

| 难度：★★☆☆☆ | 时间：分钟 | 口味：咸 |

原料 鲮鱼肉泥500克，肥肉丁100克，生粉35克，陈皮末10克，水发木耳35克，水发香菇30克，火腿50克，饺子皮适量，葱花少许

调料 盐3克，鸡粉3克，白糖5克，芝麻油5毫升，食用油适量

 做法

1　鱼肉泥加水、盐、鸡粉、陈皮末、葱花、生粉拌匀。

2　加肥肉丁、食用油、芝麻油，成鱼肉馅。

3　把木耳倒入碗中，加入火腿粒、香菇粒。

4　放盐、鸡粉、白糖、芝麻油，加鱼肉泥馅，制成饺子馅。

5　将馅料包进饺子皮，制成生坯，蒸8分钟。

6　揭盖，把蒸好的饺子取出即可。

① ② ③ ④ ⑤ ⑥

西葫芦蒸饺

| 难度：★★★☆☆ | 时间：15分钟 | 口味：咸 |

原料 西葫芦丁110克，肉末90克，面粉180克，葱花、姜末各少许

调料 生抽8毫升，盐3克，鸡粉3克，十三香、食用油各适量

 做法

1. 碗中倒入肉末、西葫芦丁、姜末、葱花、生抽、盐、鸡粉、食用油、十三香，拌匀，制成馅料。

2. 将面粉倒在面板上，用刮板开窝。

3. 分次加入温水，揉匀制成光滑的面团，静置至面团蓬松。

4. 将发酵好的面团揉搓成条状，分切成大小均等的小剂子，再用擀面杖擀成饺子皮。

5. 将适量的馅料包入饺子皮内，制成饺子生坯。

6. 把饺子生坯摆放在抹好油的盘中，放入蒸锅，蒸14分钟，取出即可。

① ② ③
④ ⑤ ⑥

烹饪技巧：分好的剂子可撒上点面粉抹在表面，以免面团粘连在一起。

231

金银元宝蒸饺

| 难度：★★☆☆☆ | 时间：60分钟 | 口味：咸 |

原料 面粉75克，熟南瓜75克，肉末65克，饺子皮80克，香菇55克，姜末、葱花各少许，白菜60克

调料 盐3克，鸡粉、黑胡椒粉各4克，生抽、芝麻油各5毫升，食用油适量

做法

1　白菜剁碎，香菇切粒，装碗，加入盐后拌匀，腌渍10分钟。

2　将腌渍好的白菜、香菇倒入漏网中，压去多余的水分。

3　将白菜、香菇、姜末、葱花倒入肉末中，撒上盐，加入鸡粉、黑胡椒粉、生抽、芝麻油、食用油，拌匀，制成馅料，待用。

4　取一碗，倒入南瓜、60克面粉，充分拌匀，倒在台面上，揉成面团。

5　再用保鲜膜密封好，放在盘中，发酵10分钟。

6　备好一碗清水，用手指蘸上适量的清水，往饺子皮边缘涂抹一圈。

7　将适量馅料放在饺子皮中，将饺子皮边缘处用手捏紧，再将饺子的两个角往中间包紧，捏在一起，制成银元宝生胚，放入盘中待用。

8　撕开保鲜膜，将南瓜面团取出，往其表面撒上适量的面粉，防止面团粘连。再将南瓜面团揉成长条，制作成金元宝饺子皮。

9　往饺子皮中放入馅料，制成金元宝生胚，待用。

10　锅中注水烧开，放入生胚，大火蒸15分钟。

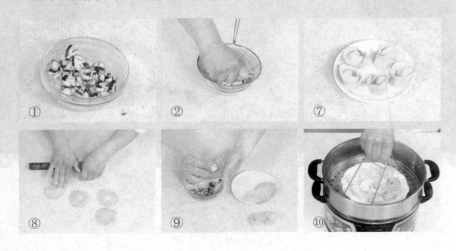

①　　②　　⑦

⑧　　⑨　　⑩

玉米面萝卜蒸饺

| 难度：★★★☆☆ | 时间：35分钟 | 口味：咸 |

原料 面粉250克，玉米粉250克，猪肉末200克，白萝卜丝300克，葱花、姜末各少许

调料 盐3克，鸡粉3克，生抽6毫升，芝麻油3毫升，十三香适量

做法

1 将猪肉末、白萝卜丝、姜末、葱花装入碗中。

2 放入盐、鸡粉、生抽、芝麻油，拌匀。

3 再撒上十三香，拌匀，制成馅，待用。

4 将玉米粉倒入碗中，放入200克面粉，加入清水，拌匀。

5 再倒在案板上，用手揉匀，盖上保鲜膜，发酵半个小时。

6 揭去面团上的保鲜膜，在案板上撒上面粉，将面团揉成条，分成大小均等的剂子，用擀面杖将剂子擀制成饺子皮。

7 取适量馅料放入饺子皮内，包成饺子生坯，装入蒸笼。

8 锅中注水烧开，放入蒸笼，蒸15分钟。

② ③ ④

⑤ ⑥ ⑦

烹饪技巧：可用温水和面，口感会更好。

235

虾饺

难度：★★★☆☆	时间：16分钟	口味：鲜

原料　虾仁80克，澄粉210克，猪肉馅80克，莴笋50克，姜末7克

调料　盐3克，鸡粉3克，胡椒粉2克，食用油适量

烹饪技巧： 虾仁加胡椒粉拌匀腌渍，可起到提鲜的作用。

 做法

1　洗净的莴笋切碎，虾仁切成碎，待用。

2　碗中放入猪肉馅、虾仁碎、莴笋碎、姜末、盐、鸡粉、胡椒粉、食用油，注入适量清水，搅拌均匀成馅料。

3　备好的碗中放入澄粉，沿同一个方向搅拌，边搅拌边注入适量温水，搅拌均匀。

4　将面粉放到案板上，揉压成面团，再放入玻璃碗中，封上保鲜膜，饧面20分钟。

5　饧面后，撕开保鲜膜，取出面团，搓成长条，揪出数个小剂子。

6　撒上少许澄粉，将小剂子揉圆，用手摁压成饼状，再使用擀面杖擀成圆片。

7　在面片上放入制好的馅料，包成饺子。

8　蒸锅注水烧开，将饺子放入蒸锅中，蒸15分钟至熟即可。

虾饺皇

| 难度：★★★☆☆ | 时间：10分钟 | 口味：鲜 |

原料 澄面300克，生粉60克，虾仁100克，猪油60克，肥肉粒40克

调料 盐2克，白糖2克，芝麻油2毫升，胡椒粉少许

烹饪技巧：做肉馅时如在虾肉中再放些猪肉，可以去除虾的腥。

 做法

1. 把虾仁放在干净的毛巾上，用毛巾吸干其表面的水分，装碗，放入胡椒粉、生粉、盐、白糖，拌匀。

2. 加入肥肉粒、猪油、芝麻油，制成馅料。

3. 把澄面和生粉倒入碗中，混合均匀，倒入适量开水，搅拌，烫面。

4. 把面糊倒在案台上，搓成光滑的面团。

5. 取适量面团，搓成长条状，切成数个大小均等的剂子，擀成饺子皮。

6. 取适量馅料放在饺子皮上，收口捏紧，制成饺子生坯。

7. 把生坯装入垫有包底纸的蒸笼里。

8. 放入烧开的蒸锅，大火蒸4分钟，取出即可。

青瓜蒸饺

原料 高筋面粉300克，低筋面粉90克，生粉70克，黄奶油50克，鸡蛋1个，黄瓜1根，香菜20克，虾仁40克，肉胶80克

调料 盐2克，白糖2克，鸡粉2克，芝麻油2毫升

烹饪技巧： 加入生粉后，不要加凉水和面，而应加开水，这样才能将面烫熟。

 做法

1 香菜切碎；黄瓜切粒，放盐，去掉多余水分。

2 碗中倒入黄瓜、香菜、肉胶、虾仁，放盐、白糖、鸡粉、芝麻油，拌匀，制成馅料。

3 把高筋面粉倒在案台上，加入低筋面粉，用刮板开窝，倒入鸡蛋。

4 碗中装少许清水，放入生粉，拌匀。

5 加入适量开水，搅成糊状。

6 加入清水，冷却，把生粉团捞出，放入面粉窝中，加入黄奶油，搅匀。

7 刮入高筋面粉，混合均匀，揉搓成光滑的面团，制成饺子皮。

8 取适量馅料放在饺子皮上，收口捏紧，制成生坯。

9 把生坯装入垫有笼底纸的蒸笼里，放入烧开的蒸锅，大火蒸5分钟，取出即可。

家乡蒸饺

| 难度：★★★★☆ | 时间：30 分钟 | 口味：咸 |

原料 面粉500克，韭菜200克，猪肉100克，酵母、泡打粉各少许

调料 盐1克，鸡精2克，糖、生粉、胡椒粉各3克

烹饪技巧： 馅料中可加少许芝麻油，能增加馅料的滑嫩的口感。

 做法

1 将面粉开窝，放入糖、酵母、泡打粉，加入水拌匀。

2 揉搓成纯滑的面团。

3 静置 10 分钟，将面团分成 20 克一份的小面团。

4 将小面团擀成薄皮面形备用。

5 将洗净的韭菜切碎，加生粉和盐，先拌一下，再加入猪肉、胡椒粉、糖、鸡精拌匀，打至起胶，做成馅料。

6 取面皮放上 15 克的馅料。

7 包成饺子形，收口，捏紧成型。

8 包好后放入蒸锅用大火蒸 7 分钟至熟即可。

豆角素饺

| 难度：★★★☆☆ | 时间：10分钟 | 口味：咸 |

| 原料 | 澄面300克，生粉60克，豆角150克，橄榄菜30克，胡萝卜120克 |

| 调料 | 盐2克，鸡粉2克，水淀粉8毫升 |

烹饪技巧： 橄榄菜含有盐分，炒制馅料时用盐不宜过多。

 做法

1 豆角、胡萝卜切成粒。

2 锅中注入适量清水烧开，倒入胡萝卜和豆角，搅拌，煮约1分钟捞出，沥干水分。

3 用油起锅，倒入胡萝卜和豆角，炒匀。

4 放盐、鸡粉，加入橄榄菜、清水，炒匀。

5 加入水淀粉，勾芡，制成馅料，盛出待用。

6 把澄面和生粉倒入碗中，混合均匀，开水烫面。

7 把面糊倒在案台上，搓成光滑的面团，制成饺子皮。

8 取适量馅料放在饺子皮上，收口捏紧，收口处捏出小窝，制成生坯。

9 在收口处放胡萝卜粒、豆角粒、橄榄菜点缀。

10 把生坯装入垫有笼底纸的蒸笼里，放入烧开的蒸锅，大火蒸4分钟，取出即可。

鲜虾菠菜饺

| 难度：★★★☆☆ | 时间：12分钟 | 口味：鲜 |

原料　菠菜100克，生粉75克，澄面175克，虾仁40克，葱末少许，胡萝卜180克，肉胶150克

调料　盐3克，鸡粉3克，食用油适量

烹饪技巧：澄面要用开水和面，这样才能将澄面烫熟。

 做法

1 胡萝卜切丝，焯水煮至熟软，捞出待用。

2 菠菜氽煮至熟软捞出，沥干水分，切碎放入碗中，加入肉胶、虾仁、盐、鸡粉、生粉、葱末，拌匀，制成馅料。

3 将澄面倒入碗中，加入剩余生粉，拌匀，分数次加入少许开水，搅拌，揉搓成光滑的面团。

4 分割成大小均等的剂子，用擀面杖擀成饺子皮。

5 取适量馅料，放在饺子皮上，收口捏紧，制成饺子生坯。

6 再逐个在生坯收口处系上一根胡萝卜丝。

7 把生坯装入垫有笼底纸的蒸笼里。

8 放入烧开的蒸锅，大火蒸8分钟，取出即可。

鸳鸯饺

难度：★★★★☆	时间：12分钟	口味：鲜

原料 澄面300克，生粉60克，胡萝卜70克，水发木耳35克，水发香菇30克，豆角100克，肉胶80克

调料 盐2克，鸡粉2克，白糖3克，生抽4毫升，生粉5克，芝麻油3毫升，蚝油5克

烹饪技巧： 澄面和生粉需要加入开水搅拌，这样才能搅成晶透的糊状。

 做法

1 豆角、胡萝卜、木耳、香菇切成粒，装碗，加鸡粉、盐、白糖、芝麻油，拌匀。

2 加入肉胶、生抽、蚝油、生粉，拌匀。

3 把澄面和生粉倒入碗中，混合均匀，烫面，搓成光滑的面团。

4 取适量面团，切成数个大小均等的剂子，擀成饺子皮。

5 取适量馅料放在饺子皮上。

6 收口，中间捏紧，两侧向中间捏，两边再捏紧，制成生坯，装入垫有笼底纸的蒸笼里。

7 放入烧开的蒸锅，大火蒸7分钟。

兔形白菜饺

| 难度：★★★★☆ | 时间：8分钟 | 口味：咸 |

 原料 小白菜150克，胡萝卜200克，虾仁90克，肉胶100克，鲜香菇40克，生粉150克，澄面200克，姜末、葱末、黑芝麻各少许

调料 盐4克，鸡粉3克，芝麻油3毫升

烹饪技巧： 虾仁与料酒、葱、姜一起腌渍一会儿，可去除虾仁的腥味。

做法

1 胡萝卜、小白菜、香菇切粒。

2 把白菜粒装入碗中，放盐，抓匀，挤出水分，装碗，放入香菇、胡萝卜、姜末、盐、鸡粉、芝麻油，拌匀。

3 拌入生粉、虾仁、肉胶、葱末，制成馅料。

4 把澄面倒入碗中，加入生粉，加开水烫面，揉搓成纯滑的面团。

5 用刮板切数个大小均等的剂子，擀成饺子皮。

6 取适量馅料放在饺子皮上，收口，捏紧，收口处留出一小段。

7 用剪刀将其对半剪开，捏成兔子耳朵形状。

8 点缀上黑芝麻作为眼睛，制成生坯，装入垫有笼底纸的蒸笼里。

9 放入烧开水的蒸锅蒸7分钟即可。

金字塔饺

原料 澄面50克，淀粉200克，韭菜、猪肉各100克，马蹄肉25克，蟹子或熟咸蛋黄适量

调料 盐3克，糖、芝麻油、胡椒粉各适量

烹饪技巧： 边搅边倒面粉，面偏软一点为好。

 做法

1 清水加热煮开，加入淀粉、澄面。

2 烫熟后倒在案板上，搓至面团纯滑。

3 将面团分切成30克每个的小面团，压薄备用。

4 韭菜、猪肉、马蹄肉切碎，与调料拌匀成馅。

5 用薄皮包入馅料，收捏紧成型。

6 排入蒸笼，用蟹子或熟咸蛋黄装饰，用大火蒸约6分钟即可。

芹菜猪肉水饺

| 难度：★★★★☆ | 时间：15分钟 | 口味：咸 |

原料 芹菜末30克，沙葛末30克，肉末40克，澄面、生粉各150克

调料 盐2克，白糖5克，生粉5克，蚝油8克，猪油8克

烹饪技巧：芹菜要选用比较嫩的，这样蒸好的饺子口感更佳。

做法

1. 将肉末、沙葛末、芹菜末加入盐、白糖，拌匀。

2. 放入蚝油、生粉、猪油，拌匀，即成馅料。

3. 将澄面、生粉倒入碗中，倒入水，拌成浆液。

4. 加入烧开的热水，拌匀，成糊状，倒在操作台上。

5. 再撒入适量澄面、生粉，揉搓成光滑的面团。

6. 将水晶面团揉成长条，切成小剂子，擀成薄片。

7. 放入适量馅料，包好，捏紧，制成芹菜饺生坯，放入铺有油纸的蒸笼中。

8. 蒸锅注水烧开，放入蒸笼，大火蒸约4分钟至熟即可。

白菜香菇饺子

原料 大白菜300克，胡萝卜100克，鲜香菇40克，生姜20克，花椒少许，饺子皮数张

调料 老抽2毫升，白糖5克，芝麻油3毫升，盐2克，鸡粉2克，五香粉少许，食用油适量

烹饪技巧： 香菇已经炒熟，白菜、胡萝卜易熟，所以蒸饺子生坯的时间不宜太长。

 做法

1 大白菜、香菇切粒，胡萝卜切丝，生姜拍碎，剁成末。

2 用油起锅，倒入花椒，爆香，盛出花椒。

3 锅底留油，倒入香菇，翻炒匀，加入老抽、白糖，炒香后盛出。

4 将白菜、胡萝卜装碗，拌入芝麻油、香菇、姜末，抓匀。

5 放入盐、鸡粉、五香粉，搅拌匀，制成馅料。

6 取饺子皮，边缘沾少许清水。

7 取适量馅料放在饺子皮上，收口，捏成三角形，制成饺子生坯。

8 取蒸盘，刷上一层食用油，放上饺子生坯。

9 将蒸盘放入烧开的蒸锅中，大火蒸4分钟，至饺子熟透。

白菜饺

| 难度：★★☆☆☆ | 时间：7分钟 | 口味：咸 |

烹饪技巧： 去除大白菜多余的水分，让馅料更加紧实、有嚼劲。

原料 生粉100克，澄面200克，肉胶90克，大白菜300克，胡萝卜120克，鲜香菇45克，水发木耳30克

调料 盐3克，鸡粉3克，芝麻油3毫升

 做法

1 胡萝卜、香菇、木耳切丝。

2 大白菜切丝，装碗，加盐，去掉多余水分。

3 将大白菜装入碗中，拌入胡萝卜、香菇、木耳、肉胶。

4 放盐、鸡粉、芝麻油、少许生粉，搅匀，制成馅料，待用。

5 把澄面倒入碗中，加入生粉，拌匀，倒入适量开水，搅匀，烫面。

6 把面糊倒在案台上，用刮板切数个大小均等的剂子，擀成饺子皮。

7 取适量馅料，放在饺子皮上，收口捏成三角包状。

8 选其中一边向中心捏，捏出一个小窝，其余两边各捏出花纹，制成生坯。把生坯放入垫有笼底纸的蒸笼里，放入烧开的蒸锅，大火蒸5分钟。

八珍果饺

难度：★★★☆☆	时间：10分钟	口味：咸

原料 澄面300克，生粉60克，胡萝卜120克，西芹50克，水发香菇50克，火腿50克，瘦肉80克，青豆80克，玉米粒80克，虾仁45克

调料 盐2克，鸡粉2克，生抽4毫升，水淀粉5毫升，蚝油2克，食用油适量

烹饪技巧：煮水饺过程中可以加几次凉水，并且反复煮沸，这样可以将饺子煮透。

 做法

1 将火腿、瘦肉、胡萝卜、香菇、西芹、虾仁切粒。

2 锅中注入水烧开，倒入青豆、玉米粒、西芹、香菇和胡萝卜，余煮约1分钟，捞出沥干水分。

3 把瘦肉粒倒入沸水锅中，加入虾仁，拌匀，余至转色，捞出沥干水分。

4 用油起锅，倒入火腿粒，炒香，加入瘦肉粒、虾仁和焯过水的食材。

5 放盐、鸡粉、生抽、蚝油、水，炒匀。

6 放水淀粉，勾芡，制成馅料，盛出待用。

7 把澄面和生粉倒入碗中，混合均匀，倒入适量开水，搅拌，烫面，搓成光滑的面团，擀成饺子皮。

8 取适量馅料放在饺子皮上，收口，捏紧，收口处留一个小窝，放入青豆点缀，制成生坯。

9 把生坯放入垫有笼底纸的蒸笼里，放入烧开的蒸锅，大火蒸5分钟。

248

生煎白菜饺

| 难度：★★☆☆☆ | 时间：12分钟 | 口味：咸 |

 原料 大白菜60克，胡萝卜110克，香菇70克，面粉165克，白芝麻2克，姜块8克，香菜少许

调料 盐3克，蚝油6克，橄榄油适量

烹饪技巧： 一定要用平底锅来煎饺子，这样不会粘锅。煎时油可略微多些。

做法

1. 碗中放入面粉、清水，搅拌成面团后放入玻璃碗中，封上保鲜膜，饧20分钟。

2. 白菜切碎装碗，撒盐搅拌，腌渍10分钟，沥干水分备用。

3. 热锅注入橄榄油，放入姜末，爆香。

4. 再放入胡萝卜粒、香菇粒，翻炒均匀。

5. 放入盐、蚝油，翻炒入味，盛入碗中。

6. 放入白菜，搅拌均匀，制成馅料。

7. 取出饧好的面团，制成小剂子，撒上面粉，用擀面杖将面饼擀成面皮。

8. 将馅料放在面皮中，包成饺子，待用。

9. 热锅注油，烧至五成热，放入饺子，煎香后注水，盖上盖子，煎煮4分钟，转小火。

10. 揭开盖子，撒入白芝麻，再盖上锅盖，焖煮2分钟，撒上香菜装盘即可。

萝卜丝煎饺

| 难度：★★★☆☆ | 时间：25分钟 | 口味：咸 |

原料 萝卜丝300克，五花肉碎200克，葱花50克，姜末、饺子皮各适量

调料 盐4克，生粉、猪油、食用油各适量

烹饪技巧： 萝卜水分较多，制成馅料之前撒些盐，挤出多余水分。

 做法

1 将五花肉碎、萝卜丝、盐、姜末、葱花放入碗中，拌匀。

2 把猪油、生粉、食用油放入碗中，搅匀反复抓揉，备用。

3 将饺子皮包入馅料，对折包好，即成饺子生坯。

4 将包好的饺子生坯放入蒸隔。

5 蒸锅注水烧开，放入有饺子生坯的蒸隔，大火蒸5分钟至熟。

6 揭盖，取出蒸好的饺子。

7 煎锅中倒入适量食用油烧热，放入蒸好的饺子。

8 煎至两面成金黄色，盛出装盘即可。

韭菜猪肉煎饺

| 难度：★★★☆☆ | 时间：25分钟 | 口味：咸 |

原料 韭菜末300克，五花肉碎200克，香菇末50克，姜末、饺子皮各适量

调料 白糖8克，盐4克，鸡粉3克，生粉、猪油、食用油各适量

 做法

1 将五花肉碎、姜末、白糖、盐、鸡粉放入碗中，拌匀。

2 再拌入香菇末、猪油、食用油，生粉分3次倒入，并搅拌匀。

3 倒入韭菜末，反复搅拌，使材料混合均匀。

4 把拌好的韭菜猪肉馅装入碗中。

5 在饺子皮上放入适量的馅，将饺子皮对折呈波浪形，捏紧，即成饺子生坯。

6 将包好的饺子生坯放入蒸隔。

7 蒸锅加水，用大火烧开后放入饺子生坯。

8 大火蒸5分钟至熟，取出蒸好的韭菜猪肉饺。

9 煎锅中倒入适量食用油烧热。

10 放入蒸好的韭菜猪肉饺，煎至两面成金黄色，盛出装盘即可。

香菇煎饺

| 难度：★★★☆☆ | 时间：8分钟 | 口味：咸 |

原料 香菇80克，肉末100克，鸡蛋1个，饺子皮适量，葱、姜、香菜各少许

调料 鸡精、盐、酱油、老抽、蚝油各适量

烹饪技巧： 肉馅中可拌入泡香菇的水，这样馅料吃起来会有点汤汁。

 做法

1　香菇焯熟，和葱、姜、香菜一起切末放入肉末中。

2　放进鸡蛋，适当放入盐、鸡精、酱油、老抽、蚝油，把肉馅搅拌均匀。

3　取饺子馅放入饺子皮，依次包好。

4　锅里加水，放一勺盐，放入饺子煮熟。

5　锅内倒油，油温至七分热后转小火，加入饺子。

6　一直用小火煎成两面微黄，再转大火煎成两面金黄即可。

羊肉煎饺

| 难度：★★★☆☆ | 时间：15分钟 | 口味：咸 |

原料 饺子皮300克，羊肉末450克，洋葱碎150克，姜末20克，葱花适量

调料 料酒、生抽各少许，盐、食用油、生粉各适量

烹饪技巧： 羊肉馅中加入淀粉水，可以使肉馅更嫩滑，不发干。

 做法

1 羊肉末中加洋葱碎，加入姜末、葱花，淋入少许料酒，搅拌均匀。

2 加适量盐、少许生抽，加入一勺生粉，搅拌均匀，制成馅料。

3 依次取饺子皮，放入馅料包成生坯，备用。

4 平底锅烧热，刷一层油，放入饺子，加盖，用小火慢煎。

5 生粉中加适量水，制成水淀粉。

6 煎至饺子底部焦黄，倒入水淀粉。

7 加盖，煎至水淀粉全部收汁，盛出即可。

家乡咸水角

| 难度：★★★★☆ | 时间：15分钟 | 口味：甜 |

原料 糯米粉500克，猪油、澄面各150克，清水250毫升，猪肉150克，虾米20克

调料 糖100克

烹饪技巧： 炸咸水角时最好保持油质的清洁，否则色泽会受影响。

 做法

1 清水、糖煮开，加入糯米粉、澄面。

2 烫熟后倒出在案板上搓匀。

3 加入猪油，搓至面团纯滑。

4 然后搓成长条状，分切成30克每个的小面团，压薄备用。

5 猪肉切碎，与虾米炒熟。

6 用压薄的面皮包入馅料，将包口捏紧成型。

7 150℃油温炸成浅金黄色，熟透即可。

家常煎饺

| 难度：★★★☆☆ | 时间：9分钟 | 口味：咸 |

烹饪技巧：焖煮时不要随意开盖翻动，容易破。

 原料 面粉150克，猪肉馅200克，饺子皮50克，白菜80克，淀粉、葱、白芝麻、姜末各适量

调料 盐3克，生抽5毫升，五香粉2克

做法

1 白菜切碎，加入猪肉馅内，加入葱、姜末、盐、生抽、五香粉。

2 再加入淀粉，用筷子往一个方向搅肉馅上劲。

3 取适量馅料放在饺子皮上，制成饺子生胚。

4 热锅注油，烧至五成热，放入饺子。

5 注入适量清水，盖上盖子，煎煮6分钟，转小火。

6 撒入白芝麻，再盖上锅盖，焖煮2分钟。

7 将底呈焦黄色的煎饺放入盘中即可。

韭菜盒子

| 难度：★★☆☆☆ | 时间：45分钟 | 口味：咸 |

原料　韭菜200克，冬粉150克，鸡蛋80克，水发香菇20克，豆干200克，高筋面粉150克，低筋面粉50克

调料　米酒10毫升，白糖2克，芝麻油5毫升，胡椒粉3克，盐4克，鸡粉4克，食用油适量

烹饪技巧： 面粉内还能加入少许白糖，面团会更香甜松软。

 做法

1　热锅注油烧热，倒入打散的蛋液，将其煎成蛋皮。

2　盛出煎好的蛋皮，冷却后切成丝，待用。

3　摘好的韭菜切碎；豆干切小丁；泡发好的香菇切成丁；冬粉热水泡发后切段。

4　将调味料倒入碗中，加入蛋皮、韭菜、冬粉、豆干、香菇，充分拌匀即成馅料。

5　高筋面粉、低筋面粉混合过筛装入大碗中，冲入热水，搅拌匀。

6　加入食用油，揉成光滑不沾手的面团，盖上保鲜膜松弛30分钟。

7　面团切成大小均等的剂子，再用擀面杖将剂子擀成面皮，放入3勺馅料，对折后将边缘往内折出螺旋纹理。

8　煎锅注油烧热，放入韭菜盒子，以中火煎至两面金黄即可。

脆皮豆沙饺

烹饪技巧： 擀面皮时用一个手拿擀面杖，一个手转动面团。

难度：★★★★☆	时间：15 分钟	口味：甜

原料 糯米粉500克，澄面、猪油各150克，清水250毫升，豆沙100克

调料 糖80克

 做法

1 清水、糖加热煮开，加入糯米粉、澄面。

2 拌至没粉粒状，倒在案板上。

3 拌匀后加入猪油，搓至面团纯滑。

4 将面团搓成长条状。

5 将面团、豆沙分切成 30 克每个。

6 将面团擀压成薄皮。

7 将豆沙馅包入，捏成三角形。

8 稍作静置松弛，然后以 150℃油温炸成浅金黄色即可。

豆沙酥饺

| 难度：★★★☆☆ | 时间：10分钟 | 口味：甜 |

原料　中筋面粉300克，鸡蛋1颗，泡打粉4克，无盐奶油适量，豆沙200克

调料　糖40克，食用油适量

烹饪技巧： 擀完的面皮最好马上包，不然会硬，如果有事暂时不用，记得用保鲜膜包好。

 做法

1　将面粉撒在四周，中间拨开筑成粉墙，再将糖、鸡蛋、泡打粉及无盐奶油加入面粉中间处，加入水拌匀，再将面粉拨入，压揉至均匀后揉成面团。

2　将面团分割成每个重约 20 克的小面团，再擀开成圆形，分别包入 10 克豆沙后，捏成花饺形。

3　热一锅油，烧至约 120℃，将饺子入油锅以小火炸，炸至浮起后开中火，以约 160℃续炸至表皮略呈金黄色即可起锅。

羊肉馄饨

难度：★★★☆☆	时间：5分钟	口味：咸

原料 馄饨皮250克，羊肉300克，胡萝卜100克，生粉、姜末、葱花各适量

调料 盐、芝麻油、生抽各少许，胡椒粉2克，食用油适量

烹饪技巧： 煮羊肉时，若放入少许胡椒粉，可减轻羊肉的膻味。

做法

1 将胡萝卜剁成末，羊肉剁成末。

2 取一干净大碗，倒入羊肉，加入盐、姜末、葱花，淋入适量生抽，顺时针搅匀。

3 倒入胡萝卜，搅匀，放入生粉，加少许食用油，搅匀后制成馅料。

4 取馄饨皮，包入馅料。

5 锅中注水烧沸，加入馄饨，煮至浮起后稍煮片刻。

6 取一碗，倒入生抽、胡椒粉、葱花、芝麻油、盐，搅匀成味汁。

7 将馄饨盛入装有味汁的碗中即可。

上海菜肉大馄饨

| 难度：★★★☆☆ | 时间：10分钟 | 口味：咸 |

原料　猪肉末、馄饨皮各90克，上海青50克，鸡蛋液、水发紫菜各20克，葱花10克，姜末7克，香菜3克，虾皮4克

调料　盐、鸡粉各3克，生抽、料酒各3毫升，芝麻油少许

烹饪技巧： 包馄饨的时候，馅料不要包得太满，防止包的时候皮破露馅。

 做法

1　洗净的上海青切成碎，待用。

2　在备好的碗中放入猪肉末、葱花、姜末、盐、鸡粉、生抽、料酒、鸡蛋液，搅拌均匀。

3　放入上海青碎，继续搅拌均匀，即成猪肉馅。

4　馄饨皮四边抹上水，放入猪肉馅，捏好待用。

5　热锅注水煮沸，放入馄饨，盖上盖子，煮至熟透。

6　碗中放入水发紫菜、虾皮、盐、鸡粉、生抽、芝麻油，搅拌均匀。

7　揭开盖子，将煮熟的馄饨盛至放有食材的碗中。

8　最后撒上香菜即可。

沙县云吞

| 难度：★☆☆☆☆ | 时间：9分钟 | 口味：咸 |

烹饪技巧： 选云吞皮一定要选择碱水皮薄的，吃起来会更筋道。

原料 猪肉300克，虾皮40克，香菜、葱花、云吞皮各适量

调料 蚝油、酱油各少许

 做法

1 先将猪肉切成末，放入蚝油、酱油，腌渍10分钟左右。

2 中小火将虾皮炒一下，不用放油，至干，装盘待用。

3 待虾皮稍微晾凉捣碎。

4 然后将虾皮末倒入肉馅里搅拌，然后用云吞皮包一点馅。

5 水煮开了之后再放云吞进去煮，6分钟左右就熟了。

6 撒上葱花、香菜，装盘即可。

勉县大馄饨

| 难度：★★☆☆☆ | 时间：3分钟 | 口味：咸 |

烹饪技巧： 馄饨入锅后稍稍搅拌，避免沾粘。

原料 馄饨皮50克，熟鸡肉50克，猪肉末60克，虾皮10克，韭菜碎100克，紫菜干8克

调料 盐、花椒粉各3克，芝麻油、食用油各适量

 做法

1 韭菜切成小段，熟鸡肉撕成细丝。

2 碗中倒入猪肉末、韭菜碎，撒上盐、花椒粉，加入食用油，充分拌匀，腌渍5分钟。

3 备好一碗清水，沾上适量清水，往馄饨皮周围抹上一圈。

4 用筷子取适量的馅料，然后往中间捏紧，制成馄饨生坯。

5 其他剩下的馅料和馄饨皮也做成馄饨生坯，待用。

6 沸水锅中放入馄饨生坯，拌匀，煮至上浮。

7 备好一个碗，倒入鸡肉丝、虾皮、紫菜。

8 撒上盐，加入芝麻油，将煮好的馄饨捞出放入碗中，撒上鸡肉丝即可。

湖州大馄饨

| 难度：★☆☆☆☆ | 时间：8分钟 | 口味：淡 |

 原料 面粉160克，肉馅190克，蛋饼丝30克，冬笋丁50克，葱末7克，姜末3克，香菜碎3克

调料 盐3克，生抽3毫升，芝麻油适量

烹饪技巧：水沸腾后馄饨要一个一个下锅，防止馄饨破皮。

做法

1. 碗中依次放入肉馅、冬笋丁、姜末、葱末、盐、生抽，搅匀成馅料。

2. 另一碗中放入面粉，边搅拌边注水，和成面团，封上保鲜膜，饧20分钟。

3. 饧面后，撕开保鲜膜，取出面团，用擀面杖将小面团擀成馄饨皮。

4. 将制好的馅料放入馄饨皮中，包起来。

5. 热锅注水煮沸，放入馄饨，煮3分钟。

6. 盖上锅盖，转小火，续煮3分钟。

7. 在备好的碗中放入盐、芝麻油。

8. 再倒入煮好的馄饨，放入蛋饼丝、香菜即可。

鸡汤馄饨

| 难度：★★★☆☆ | 时间：10分钟 | 口味：咸 |

原料 馄饨皮60克，猪肉馅150克，鸡汤250毫升，葱花3克，姜末2克，香菜适量

调料 料酒3毫升，生抽5毫升，盐6克，鸡粉、胡椒粉各2克，芝麻油2毫升

烹饪技巧： 馄饨煮至漂浮在水面时即熟，即可捞出食用。

 做法

1　往猪肉馅中加入葱花、姜末、料酒、生抽、盐，充分拌匀制成馅料。

2　备好一碗清水，取一张馄饨皮，用手指轻轻沾上适量的清水，往其四周划上一圈。

3　取适量的馅料放入皮上，用手捏紧。

4　其他剩下的馄饨皮和馅料按照相同的方式制作成馄饨生胚，放在盘中待用。

5　锅置火上，倒入鸡汤，煮至沸腾。

6　倒入馄饨生胚，煮至上浮，加入盐、鸡粉、胡椒粉，拌匀。

7　将入味的馄饨捞出放在碗中，淋上芝麻油，撒上香菜即可。

紫菜馄饨

| 难度：★★☆☆☆ | 时间：5分钟 | 口味：咸 |

原料 水发紫菜40克，胡萝卜丝45克，虾皮10克，猪肉馄饨100克，葱花少许

调料 盐2克，鸡粉、食用油各适量

烹饪技巧：：紫菜烹饪前需用清水泡发，并换1～2次水以清除污染物、毒素。

 做法

1 用油起锅，倒入虾皮，爆香。

2 放入胡萝卜丝，翻炒出香味。

3 倒入适量清水，放入紫菜，用锅铲拌匀。

4 盖上盖，用大火煮沸后加入适量盐、鸡粉，拌匀。

5 放入备好的猪肉馄饨，中火煮4分钟至熟。

6 揭盖，将煮好的馄饨盛出，装入碗中，撒入少许葱花即可。

三鲜馄饨

| 难度：★☆☆☆☆ | 时间：8分钟 | 口味：鲜 |

原料 猪肉碎80克，虾仁30克，韭菜15克，馄饨皮60克，辣椒酱10克，胡萝卜50克，香菜20克，葱花少许

调料 盐3克，胡椒粉3克，鸡粉3克，生抽3毫升，料酒3毫升，芝麻油少量

烹饪技巧： 馄饨皮煮至半透明，即可关火出锅了。

 做法

1 葱切碎；胡萝卜切丝；虾仁剁碎，待用。

2 肉碎装入碗中，放入虾仁、葱花。

3 再放入盐、胡椒粉，淋入生抽、料酒、清水，单向搅拌均匀。

4 馄饨皮四周抹上水，放入肉馅包好，制成生坯。

5 锅中注水烧开，放入馄饨，煮至馄饨浮在水面。

6 在碗中放入辣椒酱、生抽、鸡粉、芝麻油，搅拌制成蘸料。

7 往锅中放入胡萝卜丝，拌匀煮至熟。

8 将煮好的馄饨盛出装入碗中，撒上香菜，摆上蘸料即可。

虾仁馄饨

| 难度：★★★☆☆ | 时间：4分钟 | 口味：鲜 |

 原料　馄饨皮70克，虾皮15克，紫菜5克，虾仁60克，猪肉45克

调料　盐2克，鸡粉3克，生粉4克，胡椒粉3克，芝麻油、食用油各适量

烹饪技巧：虾仁易熟，水开片刻即可捞出。

做法

1 虾仁剁成虾泥，猪肉剁成肉末，一起装入碗中。

2 加入鸡粉、盐、胡椒粉、生粉，搅拌至起劲。

3 淋入少许芝麻油，拌匀，腌渍约10分钟，制成馅料。

4 取馄饨皮，放入适量馅料，沿对角线折起，卷成条形，再将条形对折，收紧口，制成馄饨生坯，装在盘中，待用。

5 锅中注水烧开，撒上紫菜、虾皮。

6 加入少许盐、鸡粉、食用油，拌匀，略煮。

7 放入馄饨生坯，大火煮约3分钟，至其熟透，盛出即可。

香菇炸云吞

难度：★★☆☆☆	时间：3分钟	口味：咸

原料 香菇粒40克，木耳粒30克，肉胶80克，云吞皮适量，葱花、姜末各少许

调料 盐2克，白糖2克，生抽3毫升，芝麻油2毫升，食用油适量

烹饪技巧： 云吞生坯放入油锅炸的时间不宜过长，以免炸煳。

 做法

1 把肉胶拌入碗中，放盐、白糖、生抽。

2 放入姜末、葱花、木耳、香菇，拌匀。

3 加芝麻油，拌匀，制成馅料。

4 取适量馅料，放在云吞皮上。

5 收口，捏紧，制成生坯。

6 热锅注油烧至五六成热，放入生坯，
   炸约1分钟至金黄色，捞出装盘即可。

香菇蛋煎云吞

难度：★★★☆☆	时间：5分钟	口味：咸

原料 香菇粒40克，木耳粒30克，肉胶80克，鸡蛋1个，葱花、姜末各少许，云吞皮适量

调料 盐2克，白糖2克，鸡粉2克，生抽3毫升，芝麻油2毫升，食用油适量

烹饪技巧： 云吞生坯宜用小火慢煎，以免煎煳。

 做法

1 把肉胶倒入碗中，放盐、白糖、鸡粉、生抽，拌匀。

2 放入姜末、葱花、木耳、香菇，拌匀。

3 加芝麻油，拌匀，制成馅料。

4 取适量馅料放在云吞皮上。

5 收口，捏紧，制成生坯。

6 用油起锅，放入生坯，倒入蛋液，用小火煎至成型。

7 加盖，关火焖约2分钟至熟。

8 揭盖，把煎好的云吞盛出装盘即可。

南瓜锅贴

| 难度：★★★☆☆ | 时间：60分钟 | 口味：咸 |

原料 南瓜350克，面粉150克，葱碎、姜末各少许

调料 盐1克，五香粉2克，食用油适量

烹饪技巧： 如果喜欢吃肉馅味的，可以在馅料里加点五花肉末。

 做法

1 南瓜去皮后切小粒装碗，倒入葱碎、姜末、盐、食用油、五香粉，拌匀成馅料，待用。

2 取140克面粉倒入碗中，剩余的面粉待用，搓揉成纯滑的面团，饧发20分钟。

3 将饧发好的面团制成薄面皮。

4 取南瓜馅料放入面皮中，做成饺子形状。

5 再将首尾相贴合，制成中间有凹槽的包子形生坯。

6 蒸锅注水烧开，放入生坯，蒸10分钟至熟。

7 揭盖，取出蒸好的南瓜锅贴。

8 用油起锅，注入少许清水，放入蒸好的锅贴，煎约10分钟即可。

上海锅贴

| 难度：★★★☆☆ | 时间：30分钟 | 口味：咸 |

烹饪技巧：猪肉馅中可加入适量的水淀粉，这样会更加嫩滑美味。

原料 肉末80克，面粉155克，姜末、葱花各少许

调料 盐、白胡椒粉、五香粉各3克，芝麻油、生抽、料酒各5毫升，食用油适量

 做法

1 取一碗，倒入130克面粉，注入适量温水，充分拌匀，和成面团。

2 将面团放入碗中，用保鲜膜包裹严实，饧15分钟。

3 往肉末中倒入姜末、葱花、盐、白胡椒粉、料酒、五香粉、芝麻油、生抽，充分拌匀，腌渍10分钟。

4 撕开保鲜膜，取出面团，用擀面杖将其擀成大小均等的薄面皮。

5 往面皮里放上适量的肉末，将面皮边缘捏紧，制成锅贴生胚。

6 热锅注油烧热，加入少许的清水。

7 将锅贴生胚整齐地摆放在锅中，大火煎约6分钟至锅内水分完全蒸发。

8 揭盖，夹出煎好的锅贴放入盘中即可。

锅贴

难度：★☆☆☆☆	时间：25分钟	口味：咸

原料　韭黄33克，猪肉馅150克，面粉150克

调料　盐3克，鸡粉3克，料酒3毫升，生抽3毫升，五香粉3克，食用油适量

烹饪技巧：锅贴以成品皮焦馅嫩、色泽黄焦、鲜美溢口为最佳。

 做法

1　碗中放入120克面粉，注入清水，搅拌成面团，饧面30分钟。

2　将洗净的韭黄切碎。

3　在盛有肉馅的碗中放入韭黄、盐、鸡粉、料酒、生抽、五香粉，搅拌均匀。

4　撕开保鲜膜，取出面团，用擀面杖将面饼擀成大小均等的饺子皮。

5　将肉馅放入饺子皮中，提起两边，将中间捏紧，包成锅贴，待用。

6　热锅注油烧热，将锅贴整齐放入锅中。

7　注入适量清水，盖上锅盖，开始煎制锅贴，煎约2分钟。

8　揭开锅盖，再注水，继续煎制3分钟，待水分收干后，便可将锅贴夹出。

高丽菜猪肉锅贴

| 难度：★☆☆☆☆ | 时间：25分钟 | 口味：咸 |

原料 五花猪绞肉400克，高丽菜1200克，葱花10克，姜蓉10克，饺子皮适量

调料 生抽15毫升，米酒10毫升，芝麻油4毫升，盐4克，食用油适量

烹饪技巧： 肉馅和蔬菜的比例按自己喜好配搭，猪肉馅腌渍片刻比较入味。

 做法

1. 高丽菜切细碎装入碗中，加入少许盐，揉搓使其出水，腌渍20分钟。

2. 猪绞肉、姜蓉装入碗中，放入生抽、米酒、芝麻油、盐。

3. 用筷子单向充分搅拌均匀，加入葱花，拌匀后放入冰箱冷藏30分钟。

4. 挤去高丽菜里多余的水分，与肉泥充分拌匀即成馅料。

5. 取适量馅料放入饺子皮中，对折成半圆，由中心处捏合。

6. 煎锅注油烧热，排入锅贴，倒入面粉水。

7. 用中火将水收干至锅贴熟透即可。

风味浓郁的糕饼

　　糕饼大家族中，最引人入胜的莫过于"月饼"、"桃酥"等词语了。这类食品，说它寄托了深沉的情感一点也不为过。"月饼"寄托的是对家人的思念，"桃酥"抒发的是对所爱的人的想念。看过这部分对饼、酥类食品的做法教程之后，自己不妨亲手做一份礼物送给家人和爱人，也可当做自己的一份精神财富，永远珍藏。

桑葚芝麻糕

| 难度：★★★☆☆ | 时间：80分钟 | 口味：甜 |

原料 面粉、粘米粉各250克，鲜桑葚100克，黑芝麻35克，酵母5克

调料 白糖25克

 做法

1 锅中注入适量清水烧开，倒入备好的桑葚。

2 熬煮约10分钟，至煮出桑葚汁。

3 关火后捞出桑葚渣，将桑葚汁装在碗中，放凉待用。

4 取一大碗，倒入面粉、粘米粉，放入酵母。

5 撒上白糖，拌匀，注入备好的桑葚汁。

6 混合均匀，揉搓一会儿，制成纯滑面团。

7 用保鲜膜封住碗口，静置约1小时，待用。

8 取出发酵好的面团，揉成面饼状。

9 放入蒸盘中，撒上黑芝麻，即成芝麻糕生坯。

10 蒸锅上火烧开，放入蒸盘。

11 盖上盖，用大火蒸约15分钟，至生坯熟透。

12 关火后揭盖，取出蒸盘。

13 稍微冷却后将芝麻糕分成小块，摆在盘中即可。

红豆玉米发糕

| 难度：★★★★☆ | 时间：23分钟 | 口味：甜 |

原料 面粉100克，玉米面粉120克，水发红腰豆90克，酵母、泡打粉各适量

调料 白糖适量

 做法

1. 取一大碗，倒入面粉、玉米面粉，放入洗净的红腰豆。

2. 撒上白糖，加入酵母、泡打粉，拌匀，分次注入适量清水，和匀。

3. 压平，用保鲜膜封住碗，静置约60分钟，使面团饧发至两倍大。

4. 去除保鲜膜，待用。

5. 取一蒸盘，刷上底油，放入发酵好的面团，铺平，做好造型。

6. 备好电蒸锅，烧开后放入蒸盘。

7. 盖上盖，蒸约20分钟，至食材熟透。

8. 断电后揭盖，取出蒸盘。

9. 食用时将蒸好的发糕分成小块即可。

① ② ③

④ ⑤ ⑥

马拉糕

难度：★★★☆☆　　时间：25分钟　　口味：甜

原料　三花淡奶10毫升，鸡蛋4个，白糖250克，低筋面粉250克，泡打粉10克，吉士粉10克，马拉糕纸适量，樱桃1个

调料　食用油适量

 做法

1　将鸡蛋打入碗中，待用。

2　把面粉倒入大盆中，加入泡打粉，搅拌均匀。

3　倒入鸡蛋，再加入白糖，搅拌至鸡蛋、白糖和面粉混合均匀。

4　加入吉士粉，拌匀，倒入部分三花淡奶，搅拌一会儿。

5　再加入余下的三花淡奶，继续搅拌至面浆纯滑。

6　加入少许食用油，快速地搅拌均匀，制成面浆。

7　将马拉糕纸裁剪成长方形，再剪成与蒸笼大小适中的方片。

8　把剪好的马拉糕纸放入蒸笼中，铺平整。

9　再均匀地刷上适量食用油。

10　把面浆倒入铺有马拉糕纸的蒸笼里。

11　将蒸笼放入烧开的蒸锅中。

12　盖上锅盖，用大火蒸20分钟至面浆熟透。

13　揭开盖，取出蒸好的马拉糕。

14　将马拉糕纸撕开，切成小块，放上樱桃点缀即可。

① ③ ⑤

⑥ ⑦ ⑨

山药脆饼

| 难度：★★☆☆☆ | 时间：15分钟 | 口味：淡 |

原料　　面粉90克，去皮山药120克，豆沙50克

调料　　白糖、食用油各适量

 做法

1　山药切块，放入电蒸锅中，蒸20分钟至熟透。

2　将蒸熟的山药放入保鲜袋中，将山药碾成泥，取出装碗。

3　将山药泥放入大碗中，倒入80克面粉，注入约40毫升清水，搅匀。

4　将拌匀的山药泥及面粉倒在案台上进行揉搓。

5　揉搓成纯滑面团，套上保鲜袋，饧发30分钟。

6　取出饧发好的面团，撒上少许面粉，搓成长条状。

7　掰成数个剂子，剂子稍稍搓圆，压成圆饼状。

8　撒上剩余面粉，用擀面杖将圆饼面团擀薄成面皮。

9　放入适量豆沙，包起豆沙，收紧开口，压扁成圆饼生坯。

10　用油起锅，放入饼坯，煎至两面焦黄。

11　再稍煎片刻至脆饼熟透，盛出装盘，撒上白糖即可。

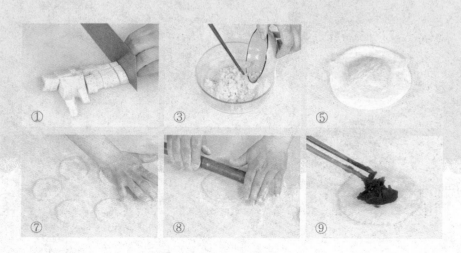

①　　③　　⑤

⑦　　⑧　　⑨

烹饪技巧：面皮不必擀太薄，不然包入豆沙后压扁时容易将豆沙挤出。

奶香玉米饼

难度：★★☆☆☆ | 时间：5分钟 | 口味：淡

原料 鸡蛋1个，牛奶100毫升，玉米粉150克，面粉120克，泡打粉、酵母各少许

调料 白糖、食用油各适量

 做法

1. 将玉米粉、面粉放入大碗中。

2. 再倒入泡打粉、酵母，加入少许白糖，搅拌匀。

3. 打入鸡蛋，拌匀，倒入牛奶，搅拌匀。

4. 分次加入少许清水，搅拌匀，使材料混合均匀，呈糊状。

5. 盖上湿毛巾静置30分钟，使其发酵。

6. 揭开毛巾，取出发酵好的面糊，注入少许食用油，拌匀，备用。

7. 煎锅置于火上，刷少许食用油烧热。

8. 转小火，将面糊做成数个小圆饼放入煎锅中。

9. 转中火煎出香味，晃动煎锅。

10. 翻转小面饼，用小火煎至两面熟透。

11. 关火后盛出煎好的面饼，装入盘中即可。

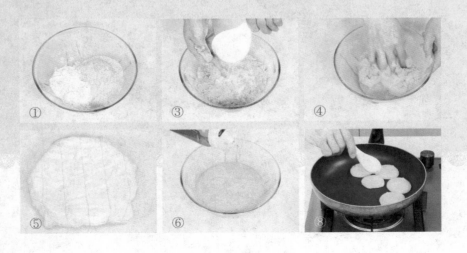

① ③ ④ ⑤ ⑥ ⑧

黄金大饼

难度：★★★☆☆ | 时间：74分钟 | 口味：甜

原料 低筋面粉500克，酵母5克，白糖50克，白芝麻40克，葱花15克

调料 盐3克，食用油适量

做法

1 把面粉、酵母倒在案板上，混合均匀，用刮板开窝，加入白糖。

2 再分数次倒入少许清水，揉搓一会儿，至面团纯滑。

3 将面团放入保鲜袋中，包紧、裹严实，静置约10分钟，备用。

4 取适量面团，揉搓成长条，压扁，擀成面皮。

5 在面皮上刷一层食用油，撒上少许盐，放入备好的葱花，卷起、搓匀。

6 再擀均匀，制成中间厚、四周薄的圆饼生坯。

7 在备好的蒸盘上刷一层食用油，放

上圆饼生坯。

8 抹上少许清水，撒上备好的白芝麻，抹匀，待用。

9 蒸锅置于灶台上，放入蒸盘。

10 盖上盖，静置约1小时，至圆饼生坯发酵、涨发。

11 打开火，水烧开后再用大火蒸约10分钟，至圆饼熟透，取出待用。

12 热锅注油，烧至四成热。

13 放入大饼，炸至两面呈金黄色。

14 捞出，沥干油，切成小块，摆好盘即成。

① ② ④

⑦ ⑨ ⑩

牛舌饼

| 难度：★★☆☆☆ | 时间：15分钟 | 口味：甜 |

原料 **油皮：** 中筋面粉500克，糖粉20克，温水250毫升，无盐黄油145克

油酥： 低筋面粉280克，无盐黄油150克

内馅： 豆沙250克

烹饪技巧： 擀制的时候尽量厚一些，这样会避免加热时口感变硬。

做法

面皮：

1　油皮的材料都倒入容器内，充分混合匀制成油面，再切成大小一致的剂子。

2　取油酥的食材倒入容器，混合匀制成面团，分成等份油酥。

3　取油皮分成数个30克的面团，再将油酥分成等份的15克小面团。

4　油皮擀薄，将油酥包入油皮中，收紧封口。

①

②

④

⑤

⑥

5　再将其从中间上下擀制，成长面皮。

6　再由下而上慢慢卷起。

7　用擀面杖再从中间部分上下擀制成长面皮。

8　由下而上地卷起，盖上保鲜膜，静置松弛10分钟。

9　将静置好的油酥皮擀成圆面皮。

内馅：

10　将豆沙制成内馅，分成与面团等份的30克，在油酥皮内填入馅料。

11　边捏边旋转将内馅包入油酥皮中，捏紧收口后整型。

12　逐一揉成椭圆形。

13　用手压扁，擀制成椭圆片状，收口朝上，放入烤盘。

14　烤盘放入预热好的烤箱，上火180℃、下火200℃烤12分钟即可。

⑩

⑪

⑬

桃酥

| 难度：★★☆☆☆ | 时间：25分钟 | 口味：甜 |

原料　低筋面粉200克，橄榄油110毫升，蛋液30克，核桃碎60克，泡打粉4克，小苏打4克，黑芝麻适量

调料　白糖50克

做法

1　将生核桃碎放置在铺了油纸的烤盘上，放入预热180℃的烤箱中层，烤制8~10分钟。

2　与此同时，将橄榄油、25克蛋液、白糖混合，用手打搅拌均匀。

3　将低筋面粉、泡打粉、小苏打混合均匀，筛入液体内。

4　用橡皮刮刀翻拌均匀。

5　将烤过的核桃碎倒入面团中，翻拌均匀。

6　取一小块面团，揉成球按扁，依次做好所有的桃酥。

7　刷上蛋液，撒上少许熟黑芝麻。

8　送入预热180℃的烤箱中层，烤20分钟左右至表面金黄即可。

①　②　③
④　⑤　⑦

荷花酥

难度：★★☆☆☆ 时间：100分钟 口味：甜

原料

油皮：面粉350克，猪油105克，绿茶粉适量

内馅：豆沙馅适量

烹饪技巧：在划十字的时候必须慢慢轻轻地划，以免将豆沙划出痕。

做法

面皮:

1 取 150 克面粉内加入 75 克猪油，拌匀制成油酥。

2 100 克面粉、15 克猪油倒入碗中，加入 50 毫升清水，制成油面。

3 100 克面粉、15 克猪油、绿茶粉倒入碗中，加入 50 毫升清水，制成绿面。

4 将油面和绿面分别搓成条，分切成 30 克大小的小份。

①

②

③

⑫

⑬

⑭

⑮

5 油酥分成和面团同样的数量后，取一个白色面团按扁，将油酥包在里面，收口团成圆形。

6 包好油酥的白面团按扁，擀成椭圆形，将椭圆面片从上而下卷起，松弛 10 分钟。

7 按上面的做法将所有白面团和绿面团均包入油酥，卷成卷饧 20 分钟。

8 将油皮压扁包入油酥，擀成椭圆面皮。

9 由下而上卷起，盖上保鲜膜静置松弛 10 分钟。

10 卷口向上地擀成片，再次卷起，包上保鲜膜静置 10 分钟。

11 所有的面团擀成面皮。

内馅:

12 将豆沙制成馅料，放入静置好的面皮里。

13 将白面放入绿面内，将面团裹成圆形。

14 用刀在面团表面切出花瓣。

15 切口深度到差一两层到豆沙馅为止。

16 热锅注油烧热，放入荷花酥，用小火将其炸至花瓣展开即可。

苏式红豆月饼

| 难度：★★★☆☆ | 时间：35分钟 | 口味：甜 |

原料

油皮： 中筋面粉180克，糖粉20克，盐2克，清水80毫升，猪油80克

油酥： 低筋面粉230克，猪油110克

内馅： 红豆沙馅900克

装饰： 白芝麻适量

烹饪技巧： 油酥材料加入猪油后会很稀，放入冰箱冷藏片刻，分成小球。

做法

饼皮:

1 将油皮的食材倒入碗中，搅拌均匀，揉成光滑的面团后搓粗条。

2 取油酥食材倒入碗中，搅拌匀，制成面团。

3 将油皮分切成数个30克面团，油酥分切成数个16克小面团。

4 油皮压扁完全包入油酥，擀成椭圆面皮。

5 卷口向上擀成片，再次卷起，包上保鲜膜静置10分钟。

内馅:

6 红豆沙制成内馅，放入压成薄饼的饼皮中。

7 边捏边旋转，使饼皮完全包裹住内馅。

8 用虎口捏紧收口，将多余的饼皮向下压捏合。

9 整型搓成圆球状，再压成扁平状，表皮撒上白芝麻。

10 芝麻面朝下放入烤盘，再放入预热好的烤箱。

11 上火调160℃，下火调210℃，烤制15分钟。

12 取出翻面，再放入烤箱内续烤15分钟即可。

苏式椒盐月饼

难度：★★★☆☆ 　 时间：33分钟 　 口味：淡

原料　**油皮**：中筋面粉600克，糖粉60克，猪油240克，清水260毫升

油酥：低筋面粉340克，猪油120克

内馅：芝麻粉150克，糖粉95克，瓜子仁20克，椒盐粉3克，猪油110克

🥣 **做法**

1 将油皮的食材全部倒入碗中，搅拌匀，揉成光滑的面团，搓成粗条。

2 取油酥食材倒入碗中，搅拌匀，制成面团。

3 将油皮分切成数个 30 克面条，油酥分切成数个 16 克小面团，油皮压扁完全包入油酥。

4 擀成椭圆面皮，卷口向上擀成片，再次卷起，包上保鲜膜静置 10 分钟。

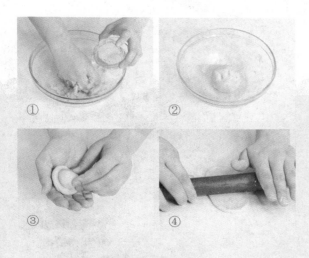

① ②

③ ④

⑧

5 内馅材料倒入碗中，充分混合匀分成等份的 50 克，逐一揉圆备用。

6 油酥皮擀成饼皮，用虎口环住饼皮，放入内馅后边捏边旋转，使饼皮完全包裹住内馅。

7 捏紧收口，将多余的饼皮向下压捏合。

8 整型后将其擀成饼状，表面刷上蛋白，均匀地粘上芝麻。

9 芝麻面朝上摆入烤盘内，再放入预热好的烤箱内，上火调 160℃，下火调 210℃，烤制 15 分钟。

10 取出翻面，再放入烤箱内续烤 15 分钟。

11 取出装盘即可。

⑨

⑫

芝麻冬瓜酥饼

| 难度：★★★☆☆ | 时间：33分钟 | 口味：甜 |

原料　**油皮：**中筋面粉250克，糖粉25克，猪油100克，清水110毫升

油酥：低筋面粉150克，猪油70克

内馅：猪肥肉、冬瓜糖各300克，麦芽糖、白芝麻各50克，熟面粉250克，糖粉150克，奶油75克，奶粉45克，盐3克，清水75毫升

烹饪技巧：揉水油皮时，用水量要根据具体面粉的干湿度来定，面团要揉成软一些为准。

🥣 做法

外皮:

1　油皮的材料都倒入容器内,充分混合匀制成油面,再切成大小一致的剂子。

2　取油酥的食材倒入容器,混合匀制成面团,分成等份油酥。

3　卷口向上擀成片,再次卷起,包上保鲜膜静置10分钟。

4　取油皮分成数个20克的面团,再将油酥分成等份的13克小面团。

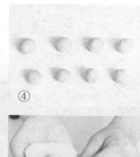
④

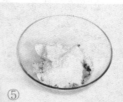
⑤

⑦　　⑧

内馅:

5　将内馅的全部材料倒入碗中,充分混合匀。

6　再分成等数的40克内馅,揉成圆球。

7　将饼皮压成薄片,在中间放入内馅。

8　稍按压后,用虎口环住饼皮。

9　边捏边旋转,使饼皮完

全包裹住内馅。

10　捏紧收口,将多余的饼皮向下压捏合。

11　整型搓成圆球状,再压成扁平状,表面刷上蛋黄放入烤盘。

12　烤盘放入预热的烤箱内,以上火160℃、下火220℃烤15分钟。

13　取出翻面,再烤15分钟即可。

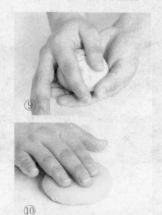
⑨

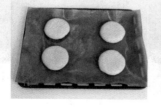
⑩

月白豆沙饼

| 难度：★★☆☆☆ | 时间：28分钟 | 口味：甜 |

原料　**油皮：** 中筋面粉150克，糖粉15克，猪油65克，清水70毫升

油酥： 低筋面粉115克，无盐黄油55克

内馅： 白豆沙馅400克

烹饪技巧： 面团不宜过干，湿润一点易做造型。

做法

饼皮:

1　油皮的材料都倒入容器内,充分混合匀制成油面,再切成大小一致的剂子。

2　取油酥的食材倒入容器,混合匀制成面团,分成等份油酥。

3　卷口向上擀成片,再次卷起,包上保鲜膜静置10分钟。

4　取油皮分成数个20克的面团,再将油酥分成等分份的13克小面团。

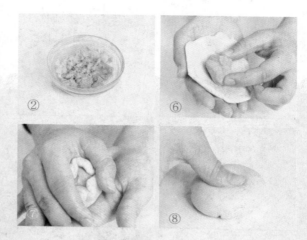

②　　　　⑥

⑦　　　　⑧

⑩

⑪

内馅:

5　将白豆沙馅分成每份30克。

6　将饼皮压成薄片,在中间放入内馅。

7　稍按压后,用虎口环住饼皮,边捏边旋转,使饼皮完全包裹住内馅。

8　捏紧收口,将多余的饼皮向下压捏合,整型后再用手掌压成饼状。

9　用擀面杖逐一在中间处按压至1/3深度。

10　逐一压出凹陷造型。

11　凹陷朝下放入烤盘,再将烤盘放入预热好的烤箱内。

12　上火调为160℃,下火220℃,烤15分钟,翻面,再烤10分钟即可。

水晶饼

| 难度：★★☆☆☆ | 时间：28分钟 | 口味：甜 |

原料 中筋面粉150克，糖粉15克，猪油65克，低筋面粉115克，无盐黄油55克

调料 淀粉300克，糖粉50克，干桂花适量

烹饪技巧： 猪油可以分几次加，混合得会更加均匀，面团也会更加顺滑。

 做法

1 将中筋面粉、猪油、适量清水都倒入容器内，充分混合匀制成油皮，再切成大小一致的剂子。

2 取低筋面粉、适量清水、黄油都倒入容器，混合匀制成面团，分成等份油酥。

3 取油皮分成数个40克的面团，再将油酥分成等份的20克小面团。

4 卷口向上擀成片，再次卷起，包上保鲜膜静置10分钟。

5 淀粉和糖粉和成馅，再加入干桂花混匀，分切成小块，揉圆待用。

6 将饼皮压成薄片，在中间放入内馅。

7 稍按压后，用虎口环住饼皮，边捏边旋转，使饼皮完全包裹住内馅。

8 捏紧收口，将多余的饼皮向下压捏合，整型后用手掌压成饼状。

9 将饼摆在烤盘上，放入预热好的烤箱内。

10 上火调为160℃，下火220℃，烤15分钟，翻面，再烤10分钟即可。

龙凤喜饼

| 难度：★★☆☆☆ | 时间：33 分钟 | 口味：甜 |

原料　低筋面粉420克，鸡蛋2个，奶粉、泡打粉各适量

调料　糖粉160克，麦芽糖、盐、奶油各适量

 做法

1　将麦芽糖、糖粉、盐、奶油装入容器中，打发至松软，分次加入鸡蛋，搅拌均匀，再加入奶粉拌匀，制成内馅。

2　过筛加入低筋面粉、泡打粉，混合匀制成面团。面团包上保鲜膜，冷藏松弛1小时。

3　将松弛好的面团取出，搓成长条，切成数个100克剂子，待用。

4　饼皮压扁，将内馅放在里面，捏紧收口。再将多余的面皮压粘入面团中，整型成圆形。

5　将面团均匀地粘上面粉，填入磨具中压实。分别左右施力轻轻将饼脱模，放入烤盘。

6　放入烤箱，上火调210℃，下火200℃，烤18分钟定型，取出后均匀地刷上蛋液，再烤12分钟即可。

乳山喜饼

难度：★★☆☆☆　时间：33分钟　口味：甜

原料　中筋面粉350克，鸡蛋2个，酵母4克，植物油40毫升，清水适量

调料　白糖60克

 做法

1　鸡蛋、植物油、白糖加入面粉中。

2　酵母加入温水化开，再倒入面粉内，充分拌匀制成面团。

3　放入温暖处发酵至两倍大。

4　把面团分成8个大小一样的剂子。

5　分别排气揉至光滑，再揉圆用擀面杖擀成小圆饼。

6　放入烤盘，放在温暖处发酵。

7　放进烤箱，按发酵键发酵。

8　发酵至饼饱满，刷一点油。

9　烤箱预热150℃，放入发酵好的饼，烤15分钟左右。

10　将喜饼翻面，再续烤15分钟即可。

①　②　③
④　⑤　⑥

如意酥

| 难度：★★☆☆☆ | 时间：18分钟 | 口味：淡 |

原料　**油皮：**中筋面粉180克，糖粉20克，盐2克，清水80毫升，猪油80克

油酥：低筋面粉230克，猪油110克

装饰：蛋液适量

烹饪技巧：卷面皮的时候尽量卷紧一点，以免中间空掉。

306

做法

1. 将油皮的食材倒入碗中，搅拌均匀。

2. 揉成光滑的面团，用保鲜膜包住静置片刻。

3. 搓粗条，分切数个58克的小剂子。

4. 取油酥食材倒入碗中，搅拌匀制成面团，分切成数个24克小面团。

5. 将油皮压扁包入油酥，擀成椭圆面皮。

6. 由下而上卷起，盖上保鲜膜静置10分钟。

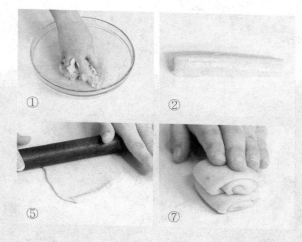

① ②
⑤ ⑦

7. 卷口向上擀成片，再次卷起，包上保鲜膜静置10分钟。

8. 静置好的油酥面搓成粗条，揪大小一样的剂子。

9. 将剂子搓成长条。

10. 将油酥皮两端向中间卷起成如意状。

11. 将生坯放入烤盘中。

12. 刷上一层蛋液，再将刷好蛋液的生坯放入预热好的烤箱内。

13. 上火调160℃，下火调210℃，烤制15分钟。

⑨

⑩

枣花酥

烹饪技巧：包馅后面饼的面皮薄厚要均匀，会使得最后的花型好看一些。

| 难度：★★★☆☆ | 时间：18分钟 | 口味：甜 |

原料

油皮： 中筋面粉180克，糖粉20克，盐2克，清水80毫升，猪油80克

油酥： 低筋面粉230克，猪油110克

内馅： 面粉80克，糯米粉70克，猪油58克，细砂糖70克，白芝麻适量

装饰： 蛋黄、黑芝麻各少许

做法

饼皮：

1 将油皮的食材倒入碗中，搅拌均匀。

2 揉成光滑的面团后搓粗条，分切数个 58 克的小剂子。

3 取油酥食材倒入碗中，搅拌匀制面团，分切成数个 24 克小面团。

4 将油皮压扁包入油酥，擀成椭圆面皮。

5 由下而上卷起，盖上保鲜膜静置松弛 10 分钟。

6 卷口向上擀成片，再次卷起，包上保鲜膜静置10 分钟，再将饼皮压成薄片。

⑦

⑧

⑪

⑫

内馅：

7 内馅的材料全部混匀，取一小部分放入饼皮。

8 稍按压后，用虎口环住饼皮，边捏边旋转。

9 将饼皮完全包裹住内馅，压紧。

10 捏紧收口，将多余的饼皮向下压捏合。

11 面团收口朝下放在操作台上，用手压扁，用擀面杖擀成圆饼。

12 用剪刀在圆饼上剪 12刀，做成 12 片"花瓣"。

13 将每一片"花瓣"扭转，成为"绽放"的模样。

14 用指尖蘸少许蛋黄涂在枣花酥的中心，再撒上少许黑芝麻作为装饰。

15 将烤盘放入预热好200℃的烤箱，烤 15分钟左右，至酥皮层次完全展开即可。

⑬

鸳鸯酥

原料

油皮： 中筋面粉250克，糖粉40克，猪油100克，清水100毫升

油酥： 低筋面粉175克，猪油85克，橘色食用色素适量

内馅： 绞肉馅100克

烹饪技巧： 面皮不用擀得太薄，以免包的时候露出内馅。

饼皮：

1　将油皮的食材倒入碗中，搅拌均匀。

2　揉成面团后搓粗条。

3　分切数个 40 克的剂子。

4　油酥的全部食材倒入碗中，搅拌匀。

5　将油酥揉成粗条，分切成等数的 20 克小剂子。

6　将油皮压扁包入油酥，擀成椭圆面皮。

7　由下而上卷起，盖上保鲜膜静置松弛 10 分钟。

8　卷口向上擀成片，再次卷起，包上保鲜膜静置 10 分钟。

④

⑧

⑥

⑪

⑫

⑬

内馅：

9　备好的内馅分切成等份的 35 克，再搓圆。

10　将油酥皮对切开，将有螺旋层次的面朝上。

11　用手压扁，再擀成有螺旋纹的面片。

12　在油酥皮中间放入适量的内馅。

13　稍按压后，用虎口环住饼皮。

14　边捏边旋转，使饼皮完全包裹住内馅。

15　捏紧收口，用双手来回搓面团边缘，调整成圆形后放入烤盘。

16　烤盘放入预热好的烤箱内，上火 180℃，下火 170℃，烤 15 分钟即成。

⑭

311

酥饼

| 难度：★★★☆☆ | 时间：28分钟 | 口味：甜 |

烹饪技巧： 面粉最好过筛一下，以免中间有颗粒。

原料

油皮： 高筋面粉180克，低筋面粉120克，糖粉40克，清水250毫升，无盐黄油100克，白芝麻适量

油酥： 低筋面粉200克，无盐黄油80克

内馅： 豆沙200克，咸蛋黄10个，白年糕100克

做法

外皮：

1 将油皮的食材倒入碗中，搅拌均匀。

2 揉成光滑的面团后搓粗条，分切数个30克的小剂子。

3 取油酥食材倒入碗中，搅拌匀制面团，分切成数个15克小面团。

4 将油皮压扁包入油酥，擀成椭圆面皮。

5 由下而上卷起，盖上保鲜膜静置10分钟。

6 卷口向上擀成片，再次卷起，包上保鲜膜静置10分钟。

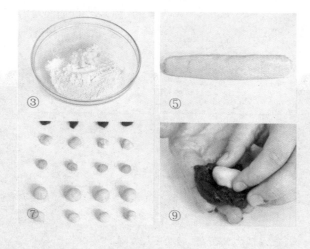

内馅：

7 将豆沙分成等数的25克；咸蛋黄对切。

8 手上沾水，将年糕分成与乌豆沙等份的10克。

9 豆沙揉圆，压扁填入年糕、咸蛋黄，再捏紧收口包成球状。

10 将油酥压扁擀成面皮，放入内馅。

11 四周边捏边旋转，将内馅包入饼皮中。

12 捏紧收口，搓成圆球，再用手掌稍按压扁。

13 一面刷上清水，均匀地粘上白芝麻，摆入烤盘。

14 烤盘放入预热好的烤箱内，上火200℃、下火180℃烤制10分钟。

15 取出翻面，在以上火150℃，下火180℃，续烤15分钟即可。

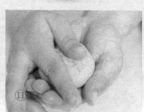

海苔酥饼

| 难度：★★★☆☆ | 时间：23分钟 | 口味：甜 |

原料 低筋面粉200克，橄榄油110毫升，核桃碎适量，蛋液30克，泡打粉4克，小苏打4克，海苔碎适量

调料 白砂糖50克

 做法

1 将生核桃碎放置在铺了油纸的烤盘上。

2 放入预热180℃的烤箱中层，烤制8~10分钟。

3 将橄榄油、25克蛋液、白砂糖混合，用手打搅拌均匀。

4 将低筋面粉、泡打粉、小苏打混合均匀，筛入液体内。

5 用刮刀翻拌均匀。

6 倒入海苔碎，搅拌均匀。

7 取一小块面团，揉成球按扁，再包上海苔装饰，放入烤盘。

8 送入预热180℃的烤箱中层，烤20分钟左右至表面金黄即可。

① ③ ④

⑤ ⑥ ⑦

烹饪技巧：核桃烘烤过后会更加香脆。

太阳饼

| 难度：★★★☆☆ | 时间：28分钟 | 口味：甜 |

原料　**油皮：**高筋面粉400克，低筋面粉300克，糖粉80克，清水250毫升，奶油250克，蛋液适量

油酥：低筋面粉60克，黄油40克，麦芽糖20克，糖粉20克，牛奶30毫升，奶粉20克

内馅：低筋面粉200克，奶粉适量，麦芽糖20克，糖粉30克，黄油20克，牛奶适量

烹饪技巧：烘烤的时候开始可以温度稍微高一些，后面的温度要用低温烘，这样不会烤焦，烘烤得比较透彻。

做法

饼皮：

1　将油皮的食材倒入碗中，搅拌均匀。

2　揉成光滑的面团后搓粗条，分切数个30克的小剂子。

3　取油酥食材倒入碗中，搅拌匀制成面团，分切成数个15克小面团。

4　将油皮压扁包入油酥，擀成椭圆面皮。

5　由下而上卷起，盖上保鲜膜静置10分钟。

6　卷口向上擀成片，再次卷起，包上保鲜膜静置10分钟。

①

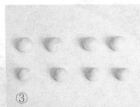
③

⑨

⑩

内馅：

7　低筋面粉、奶粉过筛入碗中，加入麦芽糖、糖粉抓匀。

8　再放入黄油、牛奶，拌成团，将内馅分切成数个25克的小份。

9　将饼皮压成薄片，在中间放入内馅。

10　稍按压后，用虎口环住饼皮，边捏边旋转，使饼皮完全包裹住内馅。

11　捏紧收口，将多余的饼皮向下压捏合。

12　整型搓成圆球状，用手掌压扁，静置松弛10分钟。

13　将表面裹上中筋面粉，擀成扁平状。

14　生饼放入烤盘内。

15　在生饼表面刷上蛋液，放入预热好的烤箱内。

16　上火调200℃，下火180℃，烤15分钟。

17　待表面上色温度降为上火170℃、下火180℃，再续烤10分钟。

⑪

⑫

抹茶相思酥

| 难度：★★★☆☆ | 时间：18分钟 | 口味：甜 |

原料

油皮： 中筋面粉250克，糖粉40克，猪油100克，清水100毫升

油酥： 低筋面粉175克，猪油85克，抹茶粉8克

内馅： 红豆馅800克

烹饪技巧： 擀好的面皮要用塑料纸盖一下，以免让风吹干。如果被风吹干，再擀压时表面容易干。

做法

饼皮:

1 将油皮的食材倒入碗中，搅拌均匀。

2 揉成光滑的面团后搓粗条，分切数个 40 克的小剂子。

3 低筋面粉、猪油倒入碗中，搅拌匀至无颗粒状，加入抹茶粉。

4 混合匀制成面团，分切成数个 20 克小面团。

5 将油皮压扁包入油酥，擀成椭圆面皮。

③

④

⑤

⑥

⑩

⑪

⑫

6 由下而上卷起。

7 卷口向上擀成片，再次卷起，包上保鲜膜，静置 10 分钟。

内馅:

8 红豆制成内馅，分切成等份的 35 克，再搓圆。

9 将油酥皮对切开，将有螺旋层次的面朝上。

10 用手压扁，再擀成有螺旋纹的面片。

11 在面皮中间放入内馅。

12 稍按压后，用虎口环住饼皮，边捏边旋转，使饼皮完全包裹住内馅。

13 捏紧收口，用双手来回搓面团边缘，调整成圆

形后放入烤盘。

14 烤盘放入预热好的烤箱内，上火 180℃，下火 170℃，烤 15 分钟即成。

⑬

麻酱烧饼

| 难度：★★☆☆☆ | 时间：25分钟 | 口味：淡 |

原料　中筋面粉300克，酵母12克，熟芝麻150克，芝麻酱110克

调料　盐8克，花椒粉10克，五香粉3克，蜂蜜10克

 做法

1 酵母、面粉倒入碗中，加水混合匀揉成面团。

2 常温下静置发酵成两倍大。

3 芝麻酱里倒入盐、花椒粉、五香粉，混合均匀备用。

4 面团分割成4个小面团，取其中一个擀成薄饼。

5 均匀涂抹上芝麻酱，从一头卷起来，切成一块一块的。

6 再将两头封口，往下按扁，擀成小圆饼。

7 将小圆饼放入烤盘中，蜂蜜和水调和均匀，刷在饼上。

8 芝麻倒在盘里，均匀地蘸上一层，放入烤盘。

9 烤盘放入预热好的烤箱内，以180℃烤20分钟即成。

① ② ③ ④ ⑤ ⑥

烹饪技巧：烤箱需要预热，否则烧饼在烘烤过程中很难吸收空气鼓起，口感容易变硬。

老婆饼

烹饪技巧： 包裹生坯时口子一定要捏紧，以防烤的时候露馅。

难度：★★★☆☆	时间：18分钟	口味：淡

原料　**油皮：** 中筋面粉180克，糖粉20克，盐2克，清水80毫升，猪油80克

油酥： 低筋面粉230克，猪油110克

内馅： 面粉80克，糯米粉70克，猪油58克，细砂糖70克，白芝麻适量

做法

饼皮:

1 将油皮的食材倒入碗中,搅拌均匀。

2 揉成光滑的面团后搓粗条,切分数个58克的小剂子。

3 取油酥食材倒入碗中,搅拌匀制面团,分切成数个24克小面团。

4 将油皮压扁包入油酥,擀成椭圆面皮。

5 由下而上卷起,盖上保鲜膜静置松弛10分钟。

6 卷口向上擀成片,再次卷起,包上保鲜膜静置10分钟。

⑦

⑧

⑪

⑫

⑬

内馅:

7 水、细砂糖、猪油一起倒入锅里,大火煮开至沸腾后转小火。

8 倒入全部糯米粉,快速搅匀,使糯米粉和水完全混合,成为粘稠的馅状,关火后加入熟白芝麻,搅拌均匀。

9 将炒好的馅平铺在盘子里,放入冰箱冷藏1个小时,冷藏到馅不粘手就可以了。

10 冷藏后的馅平均分成等份30克的内馅,备用。

11 将饼皮压成薄片,在中间放入内馅。

12 稍按压后,用虎口环住饼皮,边捏边旋转,使饼皮完全包裹住内馅。

13 捏紧收口,将多余的饼皮向下压捏合。

14 整型搓成圆球状,再压成扁平状,表面刷上蛋黄,放入烤盘。

15 烤盘放入预热好的烤箱内,上火调160℃,下火调210℃,烤制15分钟即可。

烤小烧饼

| 难度：★★☆☆☆ | 时间：15分钟 | 口味：咸 |

原料 面粉165克，酵母粉20克，熟白芝麻25克，蛋液、葱花各少许

调料 盐2克，食用油适量

 做法

1 将面粉、酵母粉倒在案台上，用刮板开个小洞。

2 分数次倒入清水，将材料混合均匀。

3 揉搓成光滑的面团。

4 取一大碗，撒入面粉，放入揉好的面团，用保鲜膜封好，发酵1个小时。

5 撕掉保鲜膜，取出发酵好的面团，分成两个面团。

6 取一个面团，用擀面杖擀成面皮。

7 刷上食用油，撒上盐、葱花。

8 卷成卷之后绕在一起。

9 用擀面杖擀成饼状，剩余面团按照相同步骤操作，制成生坯。

10 烤盘中放上锡纸，刷上食用油，放入做好的生坯。

11 将生坯两面分别刷上蛋液，撒上白芝麻。

12 取烤箱，放入烤盘。

13 关好箱门，将上火温度调至180℃，选择"双管发热"功能，再将下火温度调至180℃，烤15分钟至烧饼熟。

14 打开箱门，取出烤盘。

15 将烤好的小烧饼装入盘中即可。

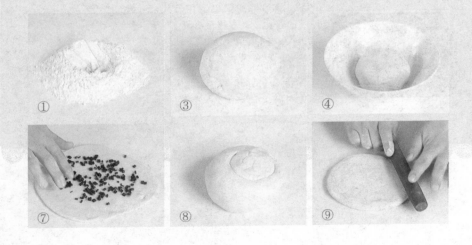

① ③ ④

⑦ ⑧ ⑨

烹饪技巧：面团中加入芝麻和面，这样烤出来的烧饼更香。

东北大油饼

难度：★★★☆☆ | 时间：150分钟 | 口味：香

原料 面粉200克，酵母粉20克，葱碎40克，五香粉10克

调料 食用油适量

 做法

1. 取190克面粉倒入碗中，剩余的面粉待用，碗中加入酵母粉。

2. 分次注入约50毫升清水，拌均匀。

3. 拌成软和的面团，封上保鲜袋，发酵2小时。

4. 案台上撒少许面粉，倒入发酵好的面团。

5. 往面团上撒入少许面粉，不停揉搓。

6. 揉搓成纯滑的面团，擀成薄面皮。

7. 将薄面皮稍稍按压铺平。

8. 淋入少许食用油。

9. 撒上五香粉，放入葱碎，撒上少许面粉。

10. 卷起面皮成长条面团，将长条面团切成段。

11. 将每段面团卷起，再稍稍压平。

12. 再用擀面杖擀成数个圆饼生坯。

13. 用油起锅，放入圆饼生坯，稍煎30秒至底部微黄。

14. 翻面，续煎1分钟至两面焦黄，中途需来回翻面2~3次，将剩余圆饼生坯依次煎成油饼即可。

② ③ ⑤ ⑥ ⑨ ⑩

美味葱油饼

| 难度：★★☆☆☆ | 时间：5分钟 | 口味：淡 |

| 原料 | 面粉170克，葱花20克 |
| 调料 | 盐、鸡粉各3克，食用油适量 |

做法

1. 在盛有面粉的碗中注入适量清水，和成面团。

2. 将和好的面团放入备好的碗中，封上保鲜膜，饧发30分钟。

3. 取出面团，在面团上撒适量面粉，用擀面杖将面团擀平。

4. 倒入食用油、盐、鸡粉，撒入葱花，叠起来。

5. 再撒上适量面粉，用擀面杖擀开。

6. 热锅注油，将饼放入锅中油炸，炸至两面呈金黄色。

7. 将煎好的饼盛出，放在案板上切开。

8. 放入备好的盘中即可。

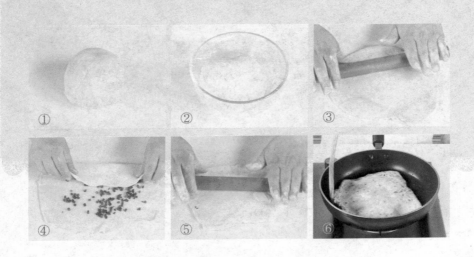

① ② ③ ④ ⑤ ⑥

329

鸡蛋卷饼

| 难度：★★☆☆☆ | 时间：5分钟 | 口味：咸 |

原料 面粉200克，蛋液70克，生菜叶110克，辣椒酱40克

调料 盐2克，食用油适量

做法

1 取190克面粉倒入碗中，剩余的面粉待用，碗中分次加入总量约为100毫升的90℃的热水。

2 稍微拌匀。

3 将稍稍拌匀的面粉倒在案台上进行揉搓。

4 搓揉成纯滑的面团，饧发2小时。

5 用擀面杖将饧发好的面团擀成厚度均匀的薄面皮。

6 面皮上淋入少许食用油，对折面皮，将油涂抹均匀。

7 再均匀撒上少许面粉，加入盐。

8 对折面皮，稍稍压实边缘，待用。

9 用油起锅，放入对折的面皮。

10 用中小火煎约1分钟至两面微黄。

11 摊开面皮，倒入蛋液，再对折盖上面皮。

12 续煎约2分钟至两面焦黄。

13 关火后将鸡蛋饼放在案台上，摊开，放上辣椒酱。

14 在饼的一端再放入洗净的生菜。

15 卷成鸡蛋卷饼，把鸡蛋卷饼切成三段即可。

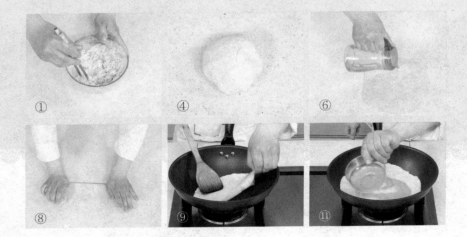

① ④ ⑥

⑧ ⑨ ⑪

烹饪技巧：生面皮上也可以撒上一点五香粉，煎出来的饼味道更香。

煎饼果子

| 难度：★★★☆☆ | 时间：8分钟 | 口味：咸 |

原料 面粉30克，黄豆面30克，玉米面30克，鸡蛋2个，葱段10克，榨菜40克，油条30克

调料 蒜蓉辣酱10克，甜面酱20克，香菜7克，食用油适量

做法

1 榨菜切成碎，待用。

2 在备好的碗中放入玉米面、黄豆面、面粉。

3 注入适量清水搅拌均匀，搅成面糊。

4 热锅注油烧热，放入面糊，再打入鸡蛋，用勺子将鸡蛋摊平，转小火煎3分钟至表面焦黄，翻面煎3分钟。

5 在鸡蛋饼上刷上甜面酱、蒜蓉辣酱。

6 放入榨菜、油条、葱段、香菜。

7 将面饼卷起来，用锅铲将面饼切开。

8 放入备好的盘中即可。

烹饪技巧：饼皮在摊制的过程中，一定要用小火，否则饼会受热不均；薄厚不一致。

牛肉馅饼

| 难度：★★★☆☆ | 时间：15分钟 | 口味：甜 |

原料 西红柿250克，牛肉末200克，肥猪油50克，姜蓉10克，葱花10克，面粉350克

调料 生抽5毫升，料酒8毫升，盐3克，胡椒粉2克

 做法

1 西红柿切成小丁块。

2 牛肉末、肥猪油、姜蓉倒入碗中，加入生抽、料酒、盐、胡椒粉。

3 单向搅拌匀，加入葱花拌匀后冷藏30分钟。

4 将西红柿放入肉馅内，搅拌均匀。

5 面粉倒入碗中，加入温开水。

6 搅拌匀制成光滑的面团。

7 将面团搓成粗条，再切成均等大小的剂子。

8 剂子擀制成面皮，取适量馅料放入面皮。

9 由一处开始先捏出一个褶子，然后继续朝一个方向捏褶子。

10 直至将面皮边缘捏完，收口后再将其压成饼。

11 煎锅注油烧热，放入馅饼，单面煎成金黄色。

12 翻面续煎，将两面煎成金黄色，至内馅熟透即可。

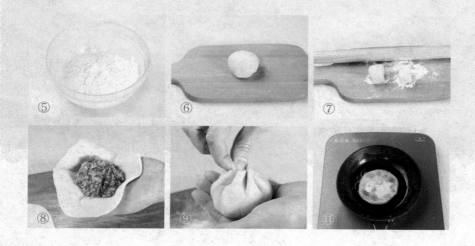

⑤　⑥　⑦

⑧　⑨　⑪

烹饪技巧：西红柿切碎一点，口感会更好。

牛肉饼

| 难度：★★☆☆☆ | 时间：10分钟 | 口味：咸 |

原料 牛肉末100克，面粉200克，葱花、姜末各少许

调料 盐、鸡粉各1克，十三香2克，生抽、料酒各5毫升，食用油适量

做法

1 大碗中倒入190克面粉，分次加入共约80毫升清水，稍稍拌匀。

2 再将面粉搓揉成面团。

3 饧发30分钟。

4 牛肉末中放入姜末、葱花。

5 加入十三香、盐、鸡粉、生抽、料酒。

6 拌匀，腌渍10分钟至入味。

7 取出饧发好的面团，撒上剩余面粉，稍稍压平成圆饼。

8 再用擀面杖擀成薄面皮。

9 放入腌好的牛肉末。

10 包起牛肉末，收紧开口。

11 再用擀面杖擀平成牛肉饼生坯。

12 用油起锅，放入生坯。

13 煎约1分钟至底部微黄。

14 翻面2~3次，续煎3分钟至两面焦黄。

15 关火后取出煎好的牛肉饼，稍稍放凉，切十字刀成4块即可。

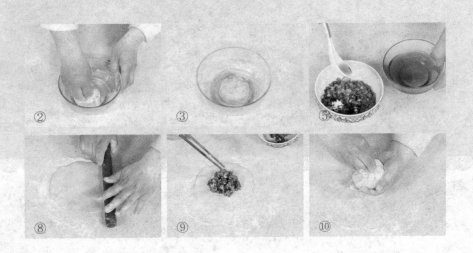

② ③ ⑤

⑧ ⑨ ⑩

烹饪技巧：将牛肉饼生坯擀平的时候力度要轻，以免将面皮擀破，露出肉馅。

老北京肉饼

| 难度：★★★☆☆ | 时间：16分钟 | 口味：咸 |

原料 肉末100克，面粉150克，姜末、葱碎各少许

调料 盐、鸡粉各1克，十三香5克，生抽、料酒各5毫升，食用油适量

做法

1　肉末中放入姜末、葱碎。

2　加入盐、鸡粉、料酒、生抽、十三香。

3　拌匀，腌渍10分钟至入味。

4　大碗中倒入140克面粉，分次加入共约80毫升清水，拌均匀。

5　再用手稍稍揉匀。

6　将面团放上案台，不停揉搓。

7　揉成纯滑面团，饧发30分钟。

8　将饧发好的面团撒上适量面粉，稍稍压平成圆饼状。

9　用擀面杖将圆饼面团均匀擀成薄面皮。

10　将腌好的肉末倒在面皮一边。

11　将面皮另一边切掉一个小三角。

12　将面皮盖上肉末，将边缘压紧。

13　将边缘多余面皮切掉，制成完整的肉饼生坯。

14　用油起锅，放入生坯，煎约2分钟至底部焦黄。

15　续煎约4分钟至肉馅熟透、肉饼焦香，中途需翻面2~3次。

16　关火后盛出煎好的肉饼，装盘即可。

② ④ ⑦

⑨ ⑩ ⑫

茴香羊肉馅饼

难度：★★☆☆☆ | 时间：10分钟 | 口味：咸

原料 面粉300克，羊肉250克，茴香250克，葱半颗，姜5克，蒜2瓣

调料 食用油、盐各适量

烹饪技巧： 想吃到皮薄馅大的馅饼，可以多揉搓一下面团，使其更具韧性。

 做法

1 茴香洗净切末，羊肉切成末，姜切片，葱切末，蒜拍碎。

2 热锅注油烧热，倒入葱、姜、蒜，爆香。

3 倒入茴香、羊肉末，翻炒至熟，加盐炒至入味，盛出晾凉。

4 面粉分次加水揉成光滑面团，搓条下剂，擀成面饼。

5 在面饼中加入炒好的食材，包成包子状，按压成饼。

6 锅中注油，放入馅饼，烙至两面金黄即可。

羊肉薄饼

| 难度：★★☆☆☆ | 时间：10分钟 | 口味：咸 |

原料　羊肉300克，面粉200克，洋葱60克，葱适量

调料　食用油、盐、老抽、辣椒粉、孜然粉各适量

烹饪技巧：煎锅中的油温以四成热为宜，过高的油温会将面糊的表面炸煳。

 做法

1　羊肉洗净切成末，洋葱洗净，切碎。

2　热锅注油，放入洋葱爆香。

3　放入羊肉滑炒散开，加入老抽、辣椒粉、孜然粉、盐，拌炒均匀。

4　一部分面粉中依次加入清水，揉搓成光滑面团，搓条下剂，擀成薄饼。

5　另一部分面粉加水搅成面糊。

6　铺一张烙好的薄饼，加入一半羊肉，摊平，边缘刷一层面糊，盖上一张，摁紧。

7　煎锅热油，放入饼，两面煎至金黄即可。

羊肉馅饼

| 难度：★★☆☆☆ | 时间：10分钟 | 口味：咸 |

原料 羊肉200克，面粉100克，青椒、红椒各10克，胡萝卜30克，姜适量

调料 食用油、料酒、生抽各适量，花椒粉、黑胡椒粉、盐各适量

烹饪技巧： 混合肉馅的时候，顺着一个方向搅拌，会使馅料更有嚼劲。

 做法

1 面粉中分次加水揉搓，揉至光滑柔软，盖上保鲜膜饧发2小时。

2 将羊肉、青椒、红椒、胡萝卜分别洗净，剁成泥，放入碗中。

3 加入料酒、生抽、花椒粉、黑胡椒粉、盐，搅拌均匀制成馅料。

4 取出发酵好的面团，搓条下剂，擀成薄薄的面皮，包入馅料，制成馅饼生坯。

5 给馅饼两面都抹上一层油。

6 热锅注油，放入馅饼，煎至两面稍稍变色。

7 加入适量水，加盖煮干。

8 加一点油继续煎，直到两面金黄即可。